Nabil Houdali

Système d'aide à la conduite pour le positionnement du véhicule

Nabil Houdali

Système d'aide à la conduite pour le positionnement du véhicule

Communication Véhicule-Infrastructure

Presses Académiques Francophones

Impressum / Mentions légales
Bibliografische Information der Deutschen Nationalbibliothek: Die Deutsche Nationalbibliothek verzeichnet diese Publikation in der Deutschen Nationalbibliografie; detaillierte bibliografische Daten sind im Internet über http://dnb.d-nb.de abrufbar.
Alle in diesem Buch genannten Marken und Produktnamen unterliegen warenzeichen-, marken- oder patentrechtlichem Schutz bzw. sind Warenzeichen oder eingetragene Warenzeichen der jeweiligen Inhaber. Die Wiedergabe von Marken, Produktnamen, Gebrauchsnamen, Handelsnamen, Warenbezeichnungen u.s.w. in diesem Werk berechtigt auch ohne besondere Kennzeichnung nicht zu der Annahme, dass solche Namen im Sinne der Warenzeichen- und Markenschutzgesetzgebung als frei zu betrachten wären und daher von jedermann benutzt werden dürften.

Information bibliographique publiée par la Deutsche Nationalbibliothek: La Deutsche Nationalbibliothek inscrit cette publication à la Deutsche Nationalbibliografie; des données bibliographiques détaillées sont disponibles sur internet à l'adresse http://dnb.d-nb.de.
Toutes marques et noms de produits mentionnés dans ce livre demeurent sous la protection des marques, des marques déposées et des brevets, et sont des marques ou des marques déposées de leurs détenteurs respectifs. L'utilisation des marques, noms de produits, noms communs, noms commerciaux, descriptions de produits, etc, même sans qu'ils soient mentionnés de façon particulière dans ce livre ne signifie en aucune façon que ces noms peuvent être utilisés sans restriction à l'égard de la législation pour la protection des marques et des marques déposées et pourraient donc être utilisés par quiconque.

Coverbild / Photo de couverture: www.ingimage.com

Verlag / Editeur:
Presses Académiques Francophones
ist ein Imprint der / est une marque déposée de
OmniScriptum GmbH & Co. KG
Heinrich-Böcking-Str. 6-8, 66121 Saarbrücken, Deutschland / Allemagne
Email: info@presses-academiques.com

Herstellung: siehe letzte Seite /
Impression: voir la dernière page
ISBN: 978-3-8416-2933-3

Copyright / Droit d'auteur © 2014 OmniScriptum GmbH & Co. KG
Alle Rechte vorbehalten. / Tous droits réservés. Saarbrücken 2014

Remerciements

Ce travail de recherche a été réalisé au sein du groupe Instrumentation du Laboratoire de Physique et Étude des Matériaux de l'Université Pierre et Marie Curie.

Je tiens tout d'abord à remercier chaleureusement mon directeur de thèse Stéphane Holé. J'ai pu bénéficier de ses compétences scientifiques. Je le remercie pour toutes les connaissances qu'il m'a apportées, pour ses conseils et critiques constructives, pour son soutien lorsque j'ai rencontré des difficultés. Je remercie mon co-encadrant Emmanuel Géron de son soutien et des discussions pointues que nous avons eu. Je souhaite également remercier Thierry Ditchi et Jerome Lucas pour leurs conseils et leurs accompagnements tant pédagogiques que scientifiques.

Au terme de cette expérience enrichissante au sein du groupe Instrumentation du Laboratoire de Physique et d'Étude des Matériaux, je tiens à remercier Jérôme Lesueur, Directeur du laboratoire, et Jaques Lewiner, Président du Fonds ESPCI Georges Charpak. Leur accueil au sein du laboratoire ainsi que leur soutien et leur confiance m'ont été d'une grande aide pour l'accomplissement de ce travail. J'exprime par ailleurs toute ma sympathie à l'ensemble des membres du groupe Instrumentation avec une mention spéciale pour Nazim, Basil, Guillaume, Julie, Cédric et Julien que j'ai côtoyés au cours de cette thèse.

Je remercie chaleureusement mes parents. Grâce à Dieu et grâce à eux que j'ai évolué. Les sacrifices que mon père a fait pour moi ainsi que les invocations de ma mère et ses prières, m'ont permis de me construire. Un grand merci à mes chers frères et sœurs pour leurs soutiens.

Mes derniers mots vont à ma femme Blandine. Je la remercie de m'avoir continuellement soutenu et d'avoir toujours su trouver les bonnes méthodes pour m'aider et me remonter le moral à chaque fois que cela était nécessaire.

Résumé

Ce travail porte sur l'étude et la validation du principe d'un système d'aide à la conduite dont le but est de détecter en temps réel la position latérale du véhicule sur la route, afin d'alerter son conducteur d'un début de perte de contrôle. L'approche décrite consiste à utiliser un système de communication électromagnétique fonctionnant en bande UHF et des transpondeurs passifs intégrés dans les bandes de signalisation latérales. Le système de communication embarqué dans le véhicule est en interaction avec les transpondeurs. Ces éléments sont facilement intégrables sur la chaussée et leurs coûts de production et d'installation sont raisonnables.

Chaque transpondeur contient une antenne demi-onde pour recevoir et retransmettre les ondes électromagnétiques, ainsi qu'un résonateur à onde acoustique de surface ayant un coefficient de qualité élevé à sa fréquence de résonance. Le système embarqué comprend des antennes d'émission et de réception ainsi qu'une chaine de transmission contenant une unité numérique d'acquisition des signaux basses fréquences. Un calculateur est chargé de déterminer à l'aide d'un algorithme d'optimisation la distance entre les transpondeurs et le véhicule en se basant sur les informations du temps de vol contenues dans le signal. Ce système offre une erreur sur la position latérale de l'ordre de ± 2 cm sur une plage de distance de 2 m.

Mots-clés :   ADAS, Antennes planaires, Réflexion des ondes électromagnétiques, Radio-fréquence, Résonateur SAW, Transpondeur, Traitement du signal, Optimisation.

Abstract

The aim of this work is to study and experimentaly validate an advanced driver assistance system, whose goal is to detect in real time a vehicle lateral position in order to alert its driver to iminent run-off-road. The described approach is composed of an electromagnetic communication system operating in the UHF band, and passive transponders integrated in the lateral white strips. The on-board electromagnetic communication system is able to interact with the transponders, which are easily integrated in the road and are cheap to produce and install.

Each transponder consists of an half-wave antenna and a Surface Acoustic Wave resonator with a high quality factor at its resonance frequency. The on-board system is composed of emitting and receiving antennas and a transmission chain containing a digital acquisition unit for the low frequency signals. The distance between transponders and the vehicle is determined by a computer that uses an optimization algorithm and the time of fligh informations included in the signal. The system evaluates the distance with an accuracy of ± 2 cm, on a range of 2 m.

Keywords :   ADAS, Planar antennas, Electromagnetic waves reflection, Radiofrequency, SAW resonator, Transponder, Signal processing, Optimization.

7

Table des matières

Introduction

L'automobile s'est imposée dans nos sociétés comme le mode de transport privilégié pour la circulation des individus et des marchandises. Le parc automobile connait une évolution très rapide et la sécurité routière représente aujourd'hui un enjeu majeur de santé publique. Elle repose essentiellement sur la mise en place de dispositifs de prévention et d'assistance au conducteur. Le développement de dispositifs de plus en plus sophistiqués a pour objectif principal de limiter les accidents et leurs conséquences. Nous nous focaliserons sur les accidents dus principalement à des sorties de route involontaires. Des statistiques publiées récemment en France montrent que plus de 30 % des accidents mortels sont causés par les pertes de contrôle du véhicule [1]. De même, le rapport d'accidentologie de 2010 aux États-Unis révèle que 16.7 % des accidents mortels sont la conséquence d'une erreur de guidage latéral du véhicule sur la voie de circulation ou d'une sortie de route [2].

Depuis quelques années, l'amélioration de la sécurité routière suscite un grand intérêt de la part des constructeurs automobiles et des laboratoires de recherche. Pour renforcer la sécurité des passagers, la conception de véhicules de plus en plus résistants aux chocs était la principale amélioration apportée par les constructeurs automobiles. Aujourd'hui, de nouvelles voies se dessinent, notamment la prévention active des accidents et l'assistance au conducteur. Ainsi, des projets voient le jour visant à mettre au point des systèmes plus ou moins complexes, capables d'effectuer des opérations d'aide au pilotage ou de guidage du véhicule. Le véhicule est devenu capable d'évaluer son comportement dynamique et d'appréhender son environnement afin de disposer d'une mesure de risque associée à des situations dangereuses. Des actions peuvent alors être décidées automatiquement ou en partage avec le conducteur dans le seul objectif d'assurer la sécurité routière.

Grâce aux évolutions technologiques des capteurs et à la puissance des unités de calcul, des systèmes avancés d'aide à la conduite (Advanced Driver Assistance Systems, ADAS) sont

13

appelés à jouer un rôle majeur dans l'amélioration de la sécurité routière. Ces nombreux systèmes agissent d'une manière déterminante dans les cas limites, et assistent le conducteur en lui apportant une aide ou une simplicité dans la réalisation des actions de conduite. Ces systèmes se développent dans le cadre des applications des nouvelles technologies de l'information et de la communication, désignées par les Systèmes de Transport Intelligents (STI) qui connaissent une évolution très rapide. Le champ d'application de ces nouvelles technologies dans les transports est très large, nous nous limitons au guidage du véhicule sur sa voie de circulation. Pour assurer cette fonction, plusieurs méthodes existent, notamment la géolocalisation tel que le GPS (Global Positioning System), les systèmes de vision, les systèmes magnétiques et aussi des systèmes qui englobent des technologies différentes.

L'objectif principal du travail faisant l'objet de ce mémoire est de concevoir un système d'aide à la conduite embarqué, basé sur une interaction entre le véhicule et l'infrastructure. Ce système permet la détection du positionnement latéral du véhicule sur la route. La conception et la mise en place de ce système tient compte d'un cahier des charges bien défini. La simplicité d'intégration des éléments qui composent ce système est pris en considération, ainsi que son encombrement. Le faible coût de production et d'installation représente un critère important dans cette démarche. Le fonctionnement de ce système d'aide à la conduite doit être assuré pour tout environnement, pour toutes les conditions climatiques et pour des géométries de routes différentes. La simplicité ainsi que le faible coût de l'unité de calcul des informations utiles constituent deux caractéristiques importantes. Une précision de quelques centimètres pour l'estimation du positionnement du véhicule ainsi qu'une rapidité du temps de réaction sont les deux objectifs finaux.

Ce mémoire de thèse est structuré en quatre chapitres. Le chapitre 1 est un panorama de l'état de l'art sur les systèmes de transport intelligents. Il s'articule autour des deux principaux types de systèmes : les systèmes avancés d'aide à la conduite (Advanced Driver Assistance Systems, ADAS) et les systèmes de communication entre Véhicules et Infrastructure (Vehicle to Infrastructure Communication, V2I). Quelques grands projets internationaux et nationaux sont présentés ainsi que les différents systèmes communicants et particulièrement les systèmes de communication V2I et leurs applications. Cet état de l'art permettra d'évaluer les caractéristiques importantes des systèmes existants et de spécifier les contraintes à prendre en compte.

Le chapitre 2 présente une nouvelle approche coopérative pour les systèmes ADAS, avec une communication véhicule infrastructure. Une description globale du système est présentée en introduisant les technologies envisagées pour les différents éléments qui le constitue. Les éléments qui constituent le système proposé sont présentés séparément de manière théorique et expérimentale.

Le chapitre 3 présente une méthode de mesure permettant de valider l'interaction entre le véhicule et l'infrastructure. Nous décrivons une méthode d'optimisation capable d'estimer la position latérale du véhicule.

Les résultats issus des différents bancs de mesures sont explicités dans le dernier chapitre. Nous présentons alors les performances de la méthode d'optimisation appliquée aux mesures dans un environnement idéal ou perturbé. Enfin, après la conclusion générale de ce travail, des perspectives sont présentées pour se diriger vers la mise en place en grandeur nature du dispositif et de son test en grandeur réelle.

Chapitre 1

État de l'art

1.1 Introduction

Les Systèmes de Transport Intelligents (STI) désignent les applications avancées des technologies de l'information et de la communication dans le secteur des transports. Ces systèmes visent à fournir des services innovants de transports, notamment l'information et la prévention des usagers et aussi la gestion des réseaux. Ils permettent ainsi d'améliorer la sécurité routière tout en optimisant l'utilisation des infrastructures de transport. De plus, ils fournissent une assistance évoluée qui prend en compte l'environnement et les risques sur les routes.

La recherche dans le cadre des Systèmes de Transport Intelligents a pour objectif principal de limiter le nombre d'accidents. Une multitude de fonctionnalités ont vu le jour rapidement et on peut les séparer en 3 catégories : la première catégorie vise à améliorer ou à augmenter l'information visuelle du conducteur, tels les phares adaptatifs qui modifient leurs angles d'éclairage dans une courbe ou encore l'installation des plots routiers rétro-réfléchissants [3]. La deuxième catégorie qui correspond aux systèmes de contrôle de bas niveau, sert à augmenter la stabilité du véhicule dans différentes situations. Il en est ainsi des systèmes de répartition du freinage sur chacune des roues ou encore les systèmes anti-blocage des roues (Anti-lock Braking System, ABS) qui empêchent le dérapage du véhicule lors d'un freinage brusque. La troisième catégorie inclut les systèmes de contrôle de plus haut niveau qui remplacent une partie de la tâche de conduite. Les meilleurs exemples de cette catégorie sont évidemment les régulateurs de vitesse adaptatifs (Adaptive Cruise Control, ACC) qui ajustent la vitesse du véhicule à celle du véhicule précédent. Un autre aspect important des systèmes de transport intelligents réside dans la capacité du véhicule à communiquer avec la route.

Il y a 3 paramètres communs dans le développement et l'utilisation des systèmes intelligents de transport : le conducteur, le véhicule et l'environnement.

Le conducteur : La présence du conducteur dans le système constitue une des principales raisons de la mise en place des STI. L'informer sur son véhicule et son environnement, l'avertir des dangers potentiels et l'assister dans ses tâches de conduite constituent autant d'applications différentes dans le cadre de l'amélioration de sa sécurité sur la route. Mais, il faut souligner que les dispositifs embarqués aujourd'hui dans les véhicules assistent mais ne remplacent pas le conducteur qui continue à garder la responsabilité de la conduite.

Le véhicule : Le véhicule a beaucoup évolué au cours des deux dernières décennies. Il rassemble aujourd'hui des systèmes complexes avec des composants mécaniques, électriques, électroniques et informatiques. Les équipements électroniques qui renforcent la sécurité des conducteurs sont utilisés en systèmes de sécurité passive ou active. Les systèmes de sécurité passive sont arrivés à maturité. L'enjeu actuel est de rendre les dispositifs de sécurité suffisamment actifs, sûrs et performants.

L'environnement : Un environnement intelligent se compose d'une infrastructure intelligente permettant aux véhicules d'être capables d'interagir et de communiquer avec cette infrastructure.

À partir des années 80, le secteur des transports intelligents a connu un progrès très important. De nombreux travaux ont été réalisés dans le cadre de différents programmes de recherche, dans le but de concevoir des systèmes de transport intelligents de plus en plus efficaces. Depuis quelques années, des systèmes avancés d'aide à la conduite (Advanced Driver Assistance Systems, ADAS) sont apparus sur les véhicules, permettant d'assister la conduite par l'analyse de l'environnement qui entoure le véhicule. Ils interagissent non seulement avec l'environnement et le véhicule mais aussi avec le conducteur.

Ce chapitre ne décrit que les systèmes de transport intelligents qui permettent de détecter le positionnement latéral du véhicule sur la route. Dans un premier temps, les systèmes dits autonomes seront abordés tels que les systèmes de vision, les systèmes de localisation

GPS. Ensuite, seront présentés les systèmes magnétiques, qui appartiennent à la famille des systèmes dits coopératifs. Chaque type de système sera décrit, tout en mettant en avant ses avantages ainsi que ses inconvénients.

1.2 Systèmes autonomes

1.2.1 Systèmes de vision

Du fait de leur analogie avec le système de perception humain, les capteurs de vision sont adaptés aux problèmes d'aide à la conduite. En effet, l'essentiel des informations perçues par le conducteur sur son environnement provient de sa vision. Différents projets ont été menés avec pour but, le développement de systèmes capables de contrôler la position latérale des véhicules par rapport aux voies de circulation. Les systèmes développés dans la plupart des travaux publiés utilisent deux types de capteurs de vision, la vision monoculaire qui utilise une caméra unique ou la vision stéréoscopique qui est basée sur l'utilisation d'au moins deux caméras observant l'environnement. La majorité des capteurs de vision utilisés dans les systèmes d'aide à la conduite appartiennent à la grande famille des capteurs photographiques. Il s'agit notamment des caméras CCD (Coupled Charged Device) qui renvoient les luminances de la scène [4, 5].

1.2.1.1 Vision monoculaire

La vision monoculaire utilise une seule caméra CCD monochrome embarquée dans le véhicule. Différents systèmes avancés d'aide à la conduite exploitent cette famille de vision, pour la détection des objets sur la chaussée et pour la localisation des véhicules mobiles. Cependant, cette localisation se fait le plus souvent en utilisant deux méthodes différentes : la reconnaissance de formes des scènes statiques ou l'analyse des séquences d'images pour détecter les mouvements dans le champ de vision de la caméra.

La reconnaissance des formes peut être réalisée par deux techniques différentes. La première technique est basée sur une approche par primitives. Elle considère une connaissance explicite de l'objet utile, exprimée dans un modèle supposé connu. Concernant le traitement, deux étapes sont suivies : l'extraction des primitives de l'image tels que les niveaux de gris, la couleur ou les segments, puis l'analyse de ces primitives par rapport au modèle connu. La deuxième technique repose sur une approche qui propose une classification directe des pixels ou de groupes de pixels de l'objet utile. Elle réside sur une connaissance implicite de l'objet, obtenue via un apprentissage sur une base de données. Cette technique s'avère très précise, mais très couteuse en temps de calcul car elle nécessite un traitement qui dépend de l'échelle et de la résolution. L'analyse du mouvement dans les séquences d'images utilise généralement les techniques du flot optique [6]. La théorie du flot optique considère que les variations de luminance dans un intervalle de temps réduit sont dues principalement aux seuls mouvements dans l'image.

À ce jour, plusieurs travaux ont été publiés, décrivant des systèmes d'aide à la conduite basés sur la vision. L'objectif étant de calculer en temps réel la position latérale du véhicule par rapport aux bandes blanches de la route. On peut citer par exemple les travaux menés au sein du Laboratoire des Sciences et Matériaux pour l'Électronique et l'Automatique. Dans ce cadre, un système de vision a été développé pour la détection de la voie de circulation d'un véhicule et aussi pour l'assistance du conducteur. Ce système qui exploite un modèle statistique connu de la voie a été implémenté dans un véhicule expérimental nommé VELAC [7].

Ces systèmes utilisent une caméra monoculaire alignée embarquée, ayant comme objectif la détection du contraste entre les bandes blanches et la route. Il est nécessaire d'utiliser les modèles prédits à partir de la géométrie en deux dimensions de la route pour la reconnaissance de l'objet (bande blanche) dans l'image prise. Les modèles utilisés considèrent plusieurs paramètres de la géométrie de la route, tels que la courbure de la route, sa largeur ou l'angle d'inclinaison de la caméra. Les modèles considérant ces paramètres comme connus, sont simples à implanter mais introduisent des erreurs de modélisation de la route si celle-ci n'est pas plane. Ces erreurs se traduisent par une dégradation de la précision de l'estimation de la position du véhicule.

L'utilisation de capteurs permettant de prendre des scènes en couleur peut fournir des informations complémentaires sur les éléments de la scène. La couleur peut être intéressante pour classifier un objet, notamment la route, les bandes blanches ou les bords de la route. Le domaine d'application de la vision couleur est très vaste et varié. On se focalise sur les systèmes qui utilisent ce type de vision dans l'analyse des scènes extérieures pour la localisation du véhicule sur la route. Le système américain développé en 1986 par M. Marietta est basé sur ce type de vision [8, 9]. Ce système se compose d'un capteur CCD utilisant une grille de filtres rouges, verts et bleus disposée à la surface du capteur. Cette caméra couleur permet de distinguer l'objet à l'aide de la technique de segmentation d'image par seuillage. Chaque pixel de l'image est considéré individuellement, ainsi la distribution des niveaux de gris de l'ensemble des pixels permettent de construire une classification de l'image. Ensuite, à l'aide d'un modèle géométrique de la route supposé connu, l'image est interprétée à des fins de localisation du véhicule.

Dans le cadre du projet nommé AURORA (AUtomative Run-Off-Road Avoidance system), un autre système de vision a été développé dont le but est l'estimation de la position latérale du véhicule et le suivi du véhicule à l'aide de la détection des bandes blanches sur la route [10]. Dans certains cas, lorsque le véhicule commence à s'écarter de sa voie, ce système permet d'avertir le conducteur par des alarmes visuelles et sonores. Ce système est composé d'une caméra vidéo couleur embarquée sur le coté du véhicule. Cette caméra est dirigée vers le bas en direction de la route, elle possède une portée de 1.6 m et se caractérise par un objectif grand angle (Figure 1.1).

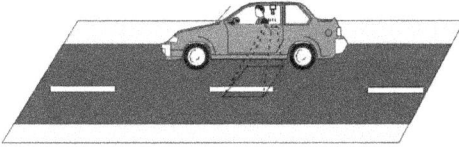

FIGURE 1.1: Système de vison "AURORA".

Pour répondre à l'exigence en temps réel du traitement d'image, le système AURORA propose une méthode permettant de traiter seulement une ligne de balayage horizontal de chaque champ vidéo. Ensuite, le profil de la distribution de l'intensité de cette ligne de balayage est estimé, servant à la détection de la bande blanche (Figure 1.2). Par comparaison de l'emplacement de la bande blanche détectée avec un modèle d'étalonnage connu et par l'application de la méthode de l'interpolation linéaire pour le redimensionnement de l'image [11], la position latérale du véhicule est estimée avec une erreur de précision de l'ordre de 1 cm. Cependant, en présence de brouillard, de neige ou d'impuretés sur l'objectif de la caméra, la détection de la bande blanche est pratiquement impossible. Ceci implique une inefficacité du système dans les situations les plus dangereuses.

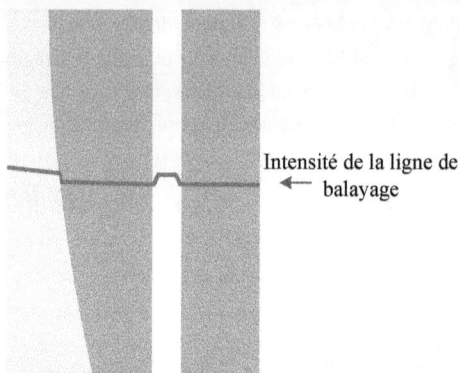

Intensité de la ligne de
← balayage

FIGURE 1.2: Profil de l'intensité de la ligne de balayage.

1.2.1.2   Vision stéréoscopique

L'objectif de la stéréo-vision est de calculer les coordonnées en trois dimensions de chaque point de la scène. Cette approche s'appuie sur le principe bien défini de la géométrie épipolaire. Cette géométrie suit un modèle mathématique, qui décrit les relations géométriques de différents objets d'une scène, pris de différents points d'observation. Cette approche est fondée sur l'alignement des capteurs optiques, faisant référence à la configuration classique en vision naturelle (par exemple les yeux). La plupart des systèmes stéréoscopiques développés pour les applications d'aide à la conduite, exploitent deux caméras. Certains, utilisent plus de deux caméras dans le but de rendre le système plus précis. L'étape essentielle de ces systèmes repose sur l'application des algorithmes de stéréo-vision qui exploitent principalement l'appariement de certaines primitives entre deux images. Le procédé de l'appariement consiste à trouver pour chaque primitive d'une image son homologue dans l'autre image. Ces primitives peuvent être des segments, des ensembles de pixels ou des contours.

Plusieurs systèmes d'aide à la conduite basés sur la vision stéréoscopique ont été développés. On cite le système IDATEN de la société japonaise Fujitsu [12, 13]. Il s'agit d'un système électronique embarqué dans un véhicule, contenant cinq caméras monochromes dont deux sont utilisées pour la détection des objets présents dans la scène. Les trois autres caméras permettent de détecter les bandes blanches situées dans l'axe du déplacement rectiligne du véhicule d'une part, et d'autre part de l'axe de déplacement latéral du véhicule. Par ailleurs, l'algorithme utilisé pour la détection des bandes blanches nécessite des conditions spécifiques sur les bandes blanches tels que la netteté, la continuité et l'état du revêtement. Cet algorithme utilise le principe de la stéréo-vision avec deux caméras positionnées suivant l'axe vertical. Cette configuration permet d'extraire les bords horizontaux grâce à l'exploitation des données d'au moins deux images et d'effectuer un appariement entre les deux. Une unité de calcul est mise en place pour déterminer la position de la ligne blanche. Ce système permet un guidage autonome du véhicule roulant à 60 km/h sur des tronçons rectilignes, à 15 km/h sur une route courbée et à 5 km/h à travers une route qui présente des intersections. Ce système atteint sa limite de performances lorsque la route n'est plus rectiligne ou lorsque les conditions climatiques masquent les informations dans l'image.

On peut également citer le programme PROMETHUS (PROgraMme for a European Traffic of Highest Efficiency and Unprecedented Safety) lancé en 1987 dans le cadre des actions de recherches EUREKA sous l'égide de l'Union Européenne [14]. Ce programme avait pour objectif de participer au développement d'un environnement routier "intelligent", c'est-à-dire capable de produire, de gérer, de transmettre et d'intégrer toute information pertinente par rapport au trafic routier. Malgré les résultats exceptionnels obtenus dans PROMETHEUS, aucun produit commercial n'a été développé. Ceci a été principalement dû à l'état de faible avancée technologique des techniques de calcul embarqué. Néanmoins, ce programme essentiellement prospectif, a permis de définir de multiples nouveaux projets portés par la notion de véhicule intelligent, notamment le projet européen PREVENT [15].

Contrairement à la vision monoculaire, la technique de stéréo-vision est en effet très robuste aux changements d'intensité lumineuse, et elle fournit une précision plus élevée. Cependant, l'un des inconvénients de cette approche est le fait qu'elle n'utilise qu'une représentation locale des objets. Il n'y a pas de modèle global des objets connus contrairement aux méthodes précédentes. De plus, l'utilisation de cette méthode permet d'apparier parfois certaines primitives inutiles. Enfin, les systèmes utilisant ce type de vision nécessitent en général la mise en place d'algorithmes de stéréo-vision très complexes, ce qui les rend difficilement compatibles avec la contrainte du temps-réel.

1.2.2   Systèmes de géolocalisation

Le système de positionnement global (Global Positionning System, GPS) est un système américain de radionavigation qui propose aux usagers des services de géolocalisation, de navigation et de référence temporelle fiables. Le GPS se compose de trois segments : le segment spatial, le segment de contrôle au sol et le segment utilisateur.

Le segment spatial du système de navigation GPS est constitué par la constellation d'au moins 24 satellites tournant en orbite autour de la terre. Ces satellites sont disposés dans 6 plans orbitaux avec 4 satellites dans chaque plan espacés de 60°. Cette disposition spatiale des satellites est choisie de telle manière qu'au moins quatre d'entre eux soient visibles presque de n'importe quelle point sur la terre (Figure 1.3). Cette disposition est nécessaire pour calculer un positionnement en trois dimensions (longitude, latitude et altitude) à tous les points de la terre [16].

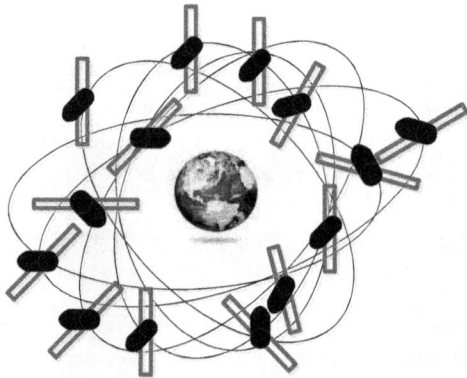

FIGURE 1.3: Constellation des satellites du GPS.

Le segment de contrôle au sol a pour rôle de gérer le système de satellites. Il se compose d'un ensemble de cinq stations de surveillance situées à des endroits différents sur la terre. À l'aide de la station principale de contrôle, ce segment permet de fournir des corrections d'orbites et de temps aux satellites GPS et de mettre à jour la position des satellites dans l'espace. Ces paramètres sont communiqués en temps réel aux satellites, pour être transmis ensuite aux utilisateurs.

Le segment utilisateurs comprend les équipements de poursuite GPS pour capter les signaux du système afin de satisfaire les besoins en matière du positionnement. L'équipement de poursuite GPS ou le récepteur GPS comprend une antenne, un module radiofréquence et un microprocesseur. En utilisant les informations transmises par les 4 satellites en vue, le récepteur GPS est en mesure d'estimer sa position géographique.

Le calcul de la distance séparant le récepteur GPS de plusieurs satellites représente le rôle de ce système. Les satellites GPS émettent en permanence des signaux à deux fréquences $f_1 = 1575.42$ MHz et $f_2 = 1227.6$ MHz modulés en phase. Ces signaux contiennent des messages incluant des informations sur la position des satellites, ainsi que leur horloge interne. Le récepteur GPS capte les signaux transmis par au moins quatre satellites et estime la distance le séparant de chaque satellite à l'aide du temps de propagation des signaux. À l'aide de cette donnée, le récepteur devient capable de situer sa position géométrique en trois dimensions.

Sur la Figure 1.4, s_1, s_2, s_3, et s_4 représentent les quatre satellites en vision. Leurs positions sont données par rapport au centre de la terre, les coordonnées de s_1 sont notées $(X^{s_1}, Y^{s_1}, Z^{s_1})$. Ainsi, les coordonnées du récepteur sont (X_r, Y_r, Z_r).

La distance d_{r_1} entre l'antenne du récepteur et le satellite permet d'établir la relation entre les coordonnées connues du satellite 1 et les coordonnées inconnues du récepteur à l'aide de l'équation d'un vecteur dans l'espace tridimensionnel :

$$d_{r_1} = \sqrt{\left(X^{s_1} - X_r\right)^2 + \left(Y^{s_1} - Y_r\right)^2 + \left(Z^{s_1} - Z_r\right)^2} + \varepsilon \qquad (1.1)$$

Une équation similaire à celle décrivant la relation (1.1) entre le satellite 1 et le récepteur peut être formulée pour les différents satellites. Au final, on obtient un système de 4 équations à 4

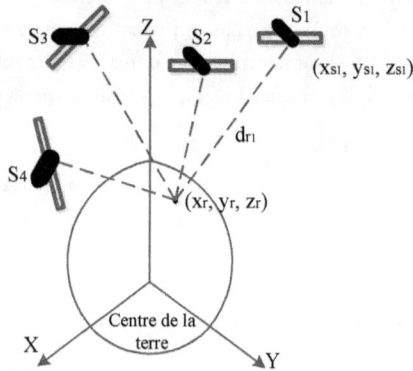

FIGURE 1.4: Positionnement GPS.

inconnus, qui peut être résolu par la méthode des moindres carrés et la méthode de Bancroft [17].

Par ailleurs, les distances d_{r_i} ($i = 1, 2, 3, 4$) sont calculées par le temps de vol que met le signal émis par le satellite pour être reçu par le récepteur. Cependant, comme le montre l'équation (1.1), le temps de vol est mesuré avec une erreur ε due à la difficulté de synchroniser les horloges des satellites avec celles du récepteur. Cette incertitude sur le temps est considérée comme une quatrième inconnue, d'où la nécessité de la quatrième équation provenant du satellite s_4. En utilisant plus de quatre satellites, la plupart des récepteurs sont capables de minimiser l'erreur sur la distance. Cependant, d'autre sources d'erreurs sont présentes notamment la perturbation du signal transmis par la traversée des couches basses de l'atmosphère (l'ionosphère et la troposphère) et aussi par la présence d'humidité. De plus, la présence des obstacles tels que les bâtiments, les montagnes et les tunnels, représente une source importante d'erreur. Le GPS permet de fournir la position d'un récepteur avec une erreur de précision qui varie entre 10 et 30 m, suivant le type d'erreur. On note que cette précision n'est pas utilisable telle quelle pour un positionnement latéral.

D'autres systèmes ont été développées dans le but d'améliorer la précision, notamment le

Système de Positionnement Global Différentiel (Differential Global Positioning System). Le principe du DGPS est basé sur l'utilisation d'un ensemble de stations terrestres de référence, dont la position est connue exactement. Ces stations reçoivent les signaux des mêmes satellites qu'interrogent les récepteurs GPS des véhicules. Ensuite, elles estiment l'erreur locale de positionnement du GPS en comparant la position mesurée des stations avec leurs positions réelles. Ces stations fixes transmettent les corrections à effectuer à tous les satellites en vue. Quant au récepteur GPS du véhicule, il ne considère que les corrections applicables aux satellites en vue. Grâce à cette technique, l'erreur de précision devient plus faible, de l'ordre de 2 à 5 mètres [18, 19, 20]. Cependant, cette erreur de précision reste trop importante pour la détection du positionnement du véhicule sur la route. De plus, ces systèmes de géolocalisation sont inutilisables dans les tunnels.

1.2.3 Systèmes de géolocalisation et de vision

D'autres travaux ont été menés avec pour objectif de développer des systèmes de guidage du véhicule avec une précision plus importante, mais tout en exploitant les performances du DGPS. On cite les travaux de L. Wang, qui proposent un système embarqué basé sur la technique DGPS et sur l'exploitation d'une carte 3D de l'environnement qui entoure le véhicule [21, 22]. Comme il a été précisé, le procédé de vision permet d'identifier l'objet utile notamment une bande blanche sur la chaussée, afin d'estimer la position du véhicule. Dans le cadre de ces travaux, il s'agit d'utiliser un télémètre laser à balayage en 3 dimensions (3D Scanning Laser Rangefinder), capable de mesurer la position des objets disposés à une longue distance en utilisant la méthode du temps de vol. En changeant la direction du télémètre tout en balayant la scène horizontalement et verticalement, une carte 3D est obtenue. Par une combinaison de l'information fournie par le DGPS et par la carte 3D, la précision du positionnement du véhicule est améliorée d'une manière significative, elle est de l'ordre de quelques centimètres. Cependant, l'installation des différents modules de ce système nécessite un coût important, et la méthode de reconnaissance d'objets utiles exige une unité de calcul assez puissante dans le cas où les conditions météorologiques sont mauvaises.

1.3   Systèmes coopératifs

1.3.1   Système de guidage magnétique

Il existe une catégorie de systèmes basée sur la coopération véhicule infrastructure (Vehicle to Infrastructure Communication, V2I). Ce sont des systèmes dits coopératifs, tels que par exemple les systèmes de guidage utilisant des procédés magnétiques statiques. Ces systèmes font appel à un marquage magnétique sous forme d'aimants permanents enterrés dans la chaussée ou sous forme d'une bande magnétisée déposée sur la chaussée.

Un programme nommé PATH (Partners for Advanced Transit and Highways), né d'une collaboration entre le Département Californien des Transports (California Departement of Transportation) et l'Université de Californie, a eu pour objectif principal la mise en place d'un système de guidage automatique des véhicules sur la route [23]. Ce système est composé de deux capteurs de flux magnétiques embarqués sous les pare-chocs avant et arrière de chaque véhicule et d'aimants permanents installés dans la chaussée. Les capteurs embarqués détectent et mesurent suivant 3 axes, le champ magnétique statique généré par ces aimants. La Figure 1.5 montre l'évolution de la composante verticale du champ magnétique mesurée B en fonction de la distance entre le capteur et le centre des aimants et pour différentes valeurs de la hauteur z entre le capteur et l'aimant. Il a été constaté que le champ magnétique est très sensible à la distance du capteur.

Ces résultats de mesures ont été validés par le calcul théorique du champ magnétique exprimé par l'équation (1.2).

$$B = \frac{\mu M}{4\pi r^5} \left(3yza_x + 3xza_y + \left(2z^2 - x^2 - y^2 \right) a_z \right) \tag{1.2}$$

Dans cette équation, $r = \sqrt{x^2 + y^2 + z^2}$, μ est la perméabilité magnétique, M représente le moment magnétique et (a_x, a_y, a_z) représentent les coordonnées du vecteur accélération.

Pour des hauteurs de l'ordre de 10 cm, ce système permet une estimation de la position latérale du véhicule avec une précision élevée d'environ 5 mm. Cependant, lorsque la distance entre les aimants permanents et le capteur augmente, le champ magnétique décroit fortement,

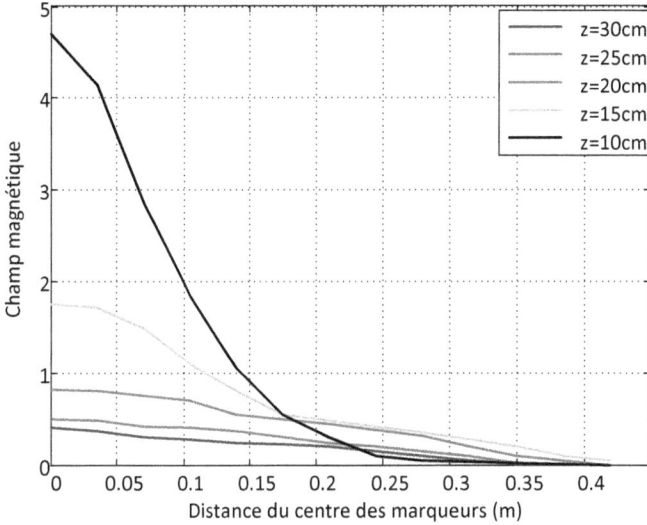

FIGURE 1.5: Champ magnétique mesuré (composante verticale) pour différentes hauteurs du capteur [23].

et le système de guidage fournit alors de mauvaises performances. L'installation d'aimants permanents de champ magnétique plus fort représente une solution. En revanche, leur positionnement peut être rendu plus excentré sur la chaussée. En plus, le coût d'installation devient important.

Toujours à partir d'une interaction magnétique, un système de guidage magnétique a été développé dans notre laboratoire dans le cadre du projet inter ministériel ARCOS (Action de Recherche pour une Conduite Sécurisée). Ce système utilise le même type de capteurs embarqués, mais cette fois une bande magnétisée est déposée au milieu de la chaussée [24]. Bien que la bande magnétique génère un champ plus faible que des aimants permanents, l'algorithme de traitement permet un positionnement du véhicule avec une précision meilleure que le centimètre. Cependant, l'atténuation importante du champ magnétique en fonction de la distance entre le véhicule et la bande magnétisée limite les performances de ce système. La bande doit donc être installée au centre de la voie de circulation pour que ce système fonctionne correctement. Malheureusement, l'installation d'une bande magnétisée déposée sur la surface de la chaussée et au centre de la voie de circulation risque de perturber l'aspect

visuel de la chaussée et de provoquer des risques pour le conducteur si ce dernier confond la
bande magnétisée avec les marquages au sol.

1.3.2 Systèmes multi-capteurs

Il existe une autre catégorie de systèmes utilisant une technique basée sur la vision couplée
à une approche coopérative entre le véhicule et l'infrastructure. Les travaux de D. Gualino
basés sur cette technique présentent un système de guidage latéral du véhicule [5].

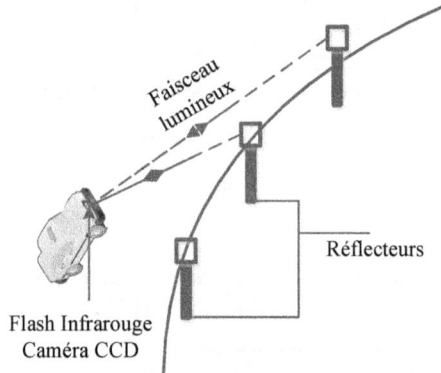

FIGURE 1.6: Système coopératif avec une technologie de vision [5].

Ce système se compose de réflecteurs espacés périodiquement sur le bord de la route, d'une
caméra monochromatique CCD et d'un flash infrarouge embarqués dans le véhicule. Afin
de développer des marqueurs visibles par le système embarqué dans le véhicule, l'effet ca-
tadioptrique est exploité. Les réflecteurs catadioptriques permettent de réfléchir le faisceau
lumineux dans la même direction que le flux lumineux entrant, quel que soit l'angle d'incidence. Cette propriété est due à la présence de miroirs sous forme tétraédrique droite (Figure

1.7). Le flash infrarouge illumine ces réflecteurs toutes les 10 ms et la caméra CCD capture une image avant et pendant l'émission.

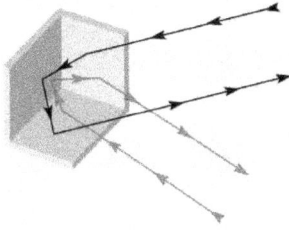

FIGURE 1.7: Principe de fonctionnement d'un catadioptre.

La première étape dans le fonctionnement de ce système est la formulation approximative de la dynamique du système complet, pour obtenir une équation relative à la mesure englobant différents paramètres (Figure 1.8). Ces paramètres sont la distance perpendiculaire y entre le milieu de l'essieu arrière du véhicule et le bord de la route, la longueur de l'arc s parcouru par le point de projection du milieu de l'essieu arrière sur la courbe de référence, l'angle θ entre la direction de déplacement et le vecteur tangent à la courbe du bord de la route et l'inverse du rayon de courbure $1/c$ de la route de référence au niveau du point de projection de l'essieu arrière.

Afin de simplifier la dynamique du système, la géométrie de la route est prédite par un modèle connu. La courbure de la route est notamment supposée constante. En tenant compte de cette considération, des équations non linéaires (1.3) ont été obtenues pour estimer les états du système.

$$
\begin{cases}
s_{k+1} = & s_k + V\,\dfrac{\cos\theta}{1-cy}\,dt \\[2mm]
y_{k+1} = & y_k + V\sin\theta\,dt \\[2mm]
\theta_{k+1} = & \theta_k + V\left(\dfrac{\tan\beta}{L} - \dfrac{\cos\theta}{1-cy}\right)dt \\[2mm]
c_{k+1} = & c_k
\end{cases}
\tag{1.3}
$$

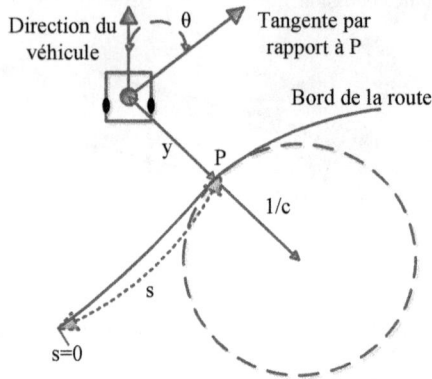

FIGURE 1.8: Illustration des paramètres [5].

Dans le système d'équations (1.3), k est l'état courant, V est la vitesse longitudinale, dt représente le temps d'échantillonnage, L est l'écart entre les milieux de l'essieu arrière et avant, et β correspond à l'angle de rotation des roues avant. On constate que ces équations d'état sont non linéaires, donc le filtre de Kalman étendu (Extended Kalman Filter) est appliqué afin de linéariser localement le système [25]. Son utilisation permet de trouver la meilleure estimation de la distance y. Dans le cas où les réflecteurs sont espacés de 2 m, et pour une vitesse lente du véhicule de l'ordre de 1 m/s, ce système offre une bonne précision de ± 5 cm. Cependant, l'estimation de la position du véhicule par ce système repose sur la simplicité du modèle supposé connu. Pour des routes avec des géométries différentes notamment des courbures variables, ce système atteint vite ses limites des performances.

1.4   Bilan des systèmes existants

L'étude bibliographique réalisée sur les systèmes existants montre qu'ils existent divers capteurs utilisés dans les véhicules intelligents. Ils ont chacun des caractéristiques propres, aussi bien en termes de technologie qu'en aptitudes et performances.

Les systèmes basés sur la vision ont démontré leur efficacité pour des applications de type véhicules intelligents. Cette efficacité de localisation à l'aide des capteurs de vision dépend néanmoins de la simplicité des hypothèses et d'approximations bien définies (géométrie simple de route). Pour des géométries réelles de route, ou en présence de pluie, de neige ou du brouillard, ces systèmes deviennent moins performants ou même inutilisables et exigent des méthodes d'apprentissages et des algorithmes complexes, d'où un surcoût important. Les systèmes de navigation souffrent d'une précision insuffisante ainsi que de problèmes de pertes du signal satellite notamment dans les tunnels. Enfin, en ce qui concerne les systèmes magnétiques, ils offrent une précision importante mais à condition que le véhicule soit très proche des marqueurs.

L'efficacité de la collaboration véhicule-infrastructure par magnétisme n'est pas remise en cause. C'est en effet la seule qui permet de s'affranchir totalement des conditions climatiques et environnementales. La technologie utilisée est cependant à revoir pour permettre un positionnement précis, à faible coût et visuellement non perturbateur en toutes conditions environnementales et climatiques.

Chapitre 2

Étude et réalisation

2.1 Présentation globale du système

Le but du projet est de développer un système d'aide à la conduite innovant, comprenant des réflecteurs d'ondes électromagnétiques déposés sous les marquages au sol et un dispositif embarqué dans le véhicule qui permet d'interroger ces réflecteurs. Cette interrogation s'effectue par l'émission d'ondes électromagnétiques en direction des marquages au sol, et la réception du signal réfléchi par les réflecteurs appelés transpondeurs. Ensuite, un traitement du signal approprié permet d'extraire l'information sur la distance entre les transpondeurs et le dispositif embarqué. Ce dispositif correspond à une chaine de transmission qui contient un module d'émission avec son antenne, un module de réception avec également son antenne et enfin une unité de traitement du signal.

2.1.1 Choix des éléments du système

Le transpondeur comprend une antenne pour permettre de capter le rayonnement électromagnétique émis par l'antenne d'émission lors de son interrogation, et de réémettre l'énergie vers l'antenne de réception. La réalisation de ce transpondeur prend en considération plusieurs contraintes, tels que les dimensions de la bande blanche latérale, la simplicité de production et d'intégration et aussi le faible coût. L'avantage de ce transpondeur repose sur le fait qu'il n'est pas nécessaire de mettre en place une source extérieure pour l'alimenter, il s'agit d'un transpondeur passif. Concernant l'antenne du transpondeur, la géométrie filaire est un bon candidat, vu le faible diamètre d'une antenne filaire devant la largeur de la bande blanche. De plus, ce type d'antennes est simple à réaliser, facile à intégrer sur la chaussée et aussi de faible coût.

Quant aux antennes d'émission et de réception, le choix de la technologie de conception doit être adapté au cahier des charges précisé précédemment. Ces antennes font parties du dispositif embarqué dans le véhicule, leurs dimensions doivent donc tenir compte de leur intégration dans des garnitures par exemple dans le pare-choc. Ensuite, la simplicité de conception, les bonnes performances et le faible coût représentent trois contraintes importantes. Pour ces raisons, la technologie planaire est privilégiée. Concernant la polarisation des antennes, elle est linéaire et horizontale en raison de la polarisation nécessairement horizontale de l'antenne filaire intégrée au transpondeur.

Le dernier paramètre important à considérer est la bande de fréquence pour le fonctionnement du système. Le choix de ce paramètre est lié à plusieurs éléments. La distance moyenne entre un véhicule et les bords de la route peut atteindre 4 m, ce qui nécessite une portée d'antenne importante. Ensuite, vu que la taille d'une antenne est généralement proportionnelle à la longueur d'onde λ et que la largeur de la bande blanche est de l'ordre de 10 cm à 20 cm suivant le type de route, la bande UHF est privilégiée. Enfin, pour que le système fonctionne en présence de neige ou de pluie, il est nécessaire de choisir une fréquence permettant une profondeur de pénétration suffisante. Toutes ces contraintes mènent à un système fonctionnant en UHF, précisément à $f_0 = 868.3$ MHz car cette fréquence est autorisée par la règlementation européenne (European Telecommunications Standards Institute). Elle fait partie des bandes ISM (Industriel, Scientifique et Médical). À cette fréquence, une pénétration dans l'eau à plus d'un centimètre est possible. Cette profondeur de pénétration réduit très vite au delà du Gigahertz. Une fréquence plus basse aurait pu être choisie pour améliorer encore la pénétration dans l'eau, mais les antennes auraient été plus grandes. Cette fréquence est donc un bon compromis.

2.1.2   Système complet

L'interrogation du transpondeur par les antennes d'émission et de réception peut se faire par plusieurs méthodes, notamment par ondes continues (Continuous Wave). Il s'agit de l'émission en continue des ondes électromagnétiques suivie par la réception au même instant des réflexions dues au transpondeur. Le système développé est basé sur cette technique. Le système est mis en place dans une configuration bistatique, où l'émetteur et le récepteur sont dans des lieux distincts, afin d'éviter l'utilisation de composants micro ondes comme des circulateurs. La Figure 2.1 illustre une présentation globale du système.

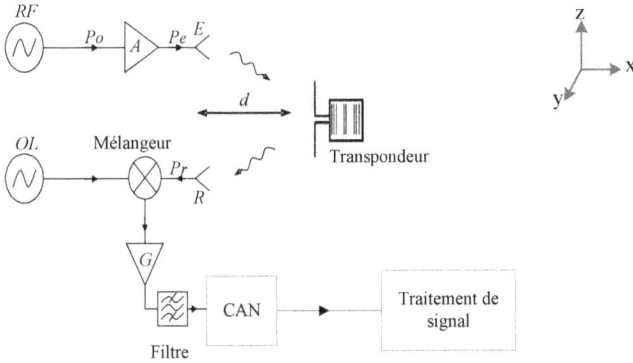

FIGURE 2.1: Présentation globale du système.

Un générateur RF génère des signaux avec une puissance $P_0 = -7$ dBm dans la bande de fonctionnement $B_f = [867.5 \rightarrow 869.5$ MHz], couvrant la fréquence utile de 868.3 MHz. Ensuite, un amplificateur large bande A amplifie la puissance afin de transmettre une puissance P_e à l'antenne. L'antenne d'émission E envoie le signal à une fréquence variable f_e pour interroger le transpondeur qui est placé une distance d du dispositif d'interrogation (Figure 2.1).

L'antenne de réception R est placée sur le même plan yz que l'antenne d'émission, elle capte l'onde réfléchie par le transpondeur ainsi que le bruit environnant. Ensuite, le signal reçu de fréquence f_e est converti en une fréquence intermédiaire f_{FI}. Cette transposition en fréquence est obtenue grâce à un mélangeur et à un oscillateur local OL fonctionnant à $f_{OL} = f_e + f_B$ avec $f_B = 10$ kHz.

Comme le montre l'équation (2.1), le niveau du signal reçu P_r par l'antenne de réception est faible à cause de l'atténuation due au canal de propagation. Il est aussi atténué par les différents étages du récepteur, il convient alors de l'amplifier. Pour cette raison, on met en place un étage amplificateur G. Cependant, à la sortie de cet étage, le signal contient plusieurs composantes en plus de l'information désirée. Un filtre passe bas est alors placé en sortie de l'amplificateur G pour éliminer les composantes indésirables et conserver l'information utile à la fréquence f_B. Le signal résultant est numérisé et traité pour en extraire l'information utile, c'est à dire la distance d.

$$P_r = P_e.G_e.G_r.\left(\frac{\lambda}{4\pi d}\right)^2 \tag{2.1}$$

où λ est la longueur d'onde correspondant à la fréquence de travail f_e, G_e et G_r représentent respectivement les gains de l'antenne d'émission et de réception.

Par la suite, une étude théorique et expérimentale de la chaine de transmission sera présentée. Dans un premier temps, on se focalisera principalement sur l'étude des antennes d'émission et de réception et le transpondeur.

2.2   Étude des antennes

Le développement de systèmes embarqués nécessite la réalisation de dispositifs peu coûteux et peu encombrants, faisant appel à des technologies simples et économiques, tels que les systèmes micro-ondes à structure micro ruban. Ces systèmes ont été à l'origine du développement des antennes imprimées (antennes plaques ou antennes patch) qui sont souvent utilisées pour optimiser l'implémentation et améliorer les performances.

La technologie micro-ruban a été employée dès 1952 par Grieg et Englemann pour l'utilisation des lignes micro rubans [26]. Un an plus tard, Deschamps a présenté les premières antennes conçues à partir de cette technologie [27]. Au début des années 70, le développement de nouveaux missiles a relancé leur développement [28, 29]. Aujourd'hui, les antennes imprimées connaissent un fort engouement pour leurs performances en terme de gain, de leurs faibles encombrements pour les systèmes mobiles et pour leurs facilités de fabrication et d'intégration. Toutefois, ces antennes présentent des inconvénients inhérents à leurs fonctionnements propres : une faible bande passante, entre 1% et 5% dans la bande de fréquence concernée B_f [30].

Dans cette section, une étude analytique des antennes planaires est présentée, ainsi qu'une description des différents types de dispositifs d'alimentation. Une simulation de l'influence de quelques paramètres sur le comportement de l'antenne s'avère nécessaire avant l'étape de conception. Enfin, une comparaison entre les résultats des simulations et des mesures est présentée.

2.2.1 Étude théorique des antennes planaires

2.2.1.1 Géométrie d'une antenne planaire

Une antenne planaire ou imprimée est typiquement constituée d'un élément rayonnant de longueur L et de largeur W, qui correspond à une structure métallique de fine épaisseur. L'élément rayonnant peut être représenté par différentes formes : carrées, rectangulaires, circulaires ou d'autres formes plus complexes. La forme la plus classique est rectangulaire. Cet élément est déposé sur un substrat diélectrique de permittivité ε_r et d'épaisseur h, la face inférieure du diélectrique représente le plan de masse (Figure 2.2).

2.2.1.2 Modélisation d'une antenne planaire

Plusieurs modèles théoriques ont été développés afin de prédire les performances d'antennes micro rubans de forme rectangulaire, et de déterminer les formules analytiques de leur rayonnement et de leur impédance d'entrée. Les plus connus sont le modèle de la cavité et le modèle de la ligne de transmission. Ces deux modèles diffèrent au niveau de la modélisation de l'antenne imprimée, mais aboutissent aux mêmes caractéristiques de l'antenne.

Modèle de la cavité

Pour expliquer le principe de fonctionnement d'une antenne planaire, une approche consiste à considérer l'antenne comme une cavité résonante, caractérisée par l'élément rayonnant, le

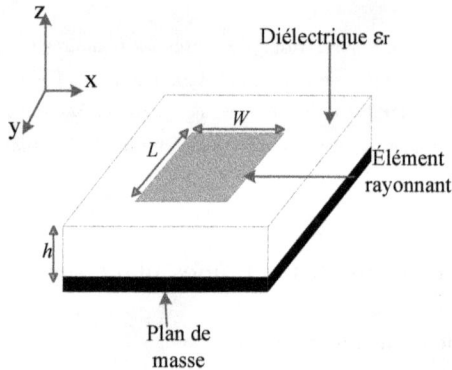

FIGURE 2.2: Géométrie d'une antenne imprimée.

plan de masse et les quatre bords. La cavité peut être considérée en basse fréquence comme une capacité qui stocke des charges et dans laquelle un champ électrique uniforme est créé précisément entre l'élément rayonnant et le plan de masse. Par ailleurs, en haute fréquence, la distribution des charges sur l'élément rayonnant n'est pas uniforme sur le plan xy (Figure 2.2), ce qui implique une distribution non uniforme du courant surfacique. Par conséquent le champ électrique $\vec{E}$ n'est pas uniforme [31, 32, 33]. De plus, $\vec{E}$ est orienté selon l'axe z, dans ce cas la distribution du champ $\vec{E}$ dans la cavité rectangulaire est exprimée par la formule suivante :

$$E_x = E_y = 0 \qquad \text{et} \qquad E_z = E_0 \cos\left(\frac{m\pi x}{L}\right) \cos\left(\frac{n\pi y}{W}\right) \tag{2.2}$$

où E_0 est l'amplitude du champ électrique d'excitation et (m, n) sont des entiers positifs ou nuls qui représentent les modes de propagation dans la cavité. La fréquence de résonance d'une antenne planaire dépend bien évidemment des dimensions de la cavité rectangulaire. La fréquence de résonance de chaque mode de propagation peut être calculée par la formule suivante :

$$F_{m,n} = \frac{c}{2\pi\sqrt{\varepsilon_r}} \sqrt{\left(\frac{m}{L}\right)^2 + \left(\frac{n}{W}\right)^2} \tag{2.3}$$

avec c est la célérité de la lumière dans le vide. Cette technique permet une approche simpli-
fiée du fonctionnement d'une antenne planaire et de son comportement électromagnétique.
Cependant, ce modèle ne prend pas en considération l'influence des ondes de surface, ni d'un
possible rayonnement en dehors des bords de l'élément rayonnant.

Modèle de la ligne de transmission

Une deuxième approche considère l'élément rayonnant comme une ligne micro-ruban de
longueur L et de largeur W, formée d'un conducteur métallique mince déposé sur la face supé-
rieure d'un substrat diélectrique (Figure 2.2). La discontinuité sur les extrémités de l'élément
rayonnant se comportent comme deux bords rayonnants. Le rayonnement de l'antenne est
effectué par la fuite du champ électrique entre les bords de l'élément rayonnant et le plan de
masse. Ce qui implique des pertes par rayonnement dues à la diffraction de l'onde électromagnétique sur les deux discontinuités. Cependant, ce type de modélisation par ligne micro
ruban ne permet pas d'obtenir directement les pertes citées [34].

2.2.1.3 Détermination des caractéristiques d'une antenne planaire

Le modèle de la ligne de transmission propose de déterminer les dimensions de l'antenne
planaire à l'aide de l'étude de son comportement électrique. Cette étude revient à déterminer
les caractéristiques électriques de la ligne micro ruban qui modélise cette antenne. De ce
fait, l'évaluation de l'impédance caractéristique Z_c de cette ligne est nécessaire. L'impédance
caractéristique Z_c pour une permittivité donnée dépend avant tout du rapport entre la largeur
W de la ligne et l'épaisseur h du substrat. L'évaluation de Z_c a été l'objet de plusieurs travaux
qui ont mené à de nombreuses équations analytiques empiriques. Ces équations permettent de
calculer Z_c à partir des données géométriques, ou inversement de déterminer les dimensions
d'une ligne pour une impédance caractéristique donnée. On peut citer les travaux de Erik
O. Hammerstad [35] et de M. V. Schneider [36] qui présentent des expressions simplifiées de
l'impédance caractéristique. On a :

$$\begin{cases} Z_c \approx \dfrac{\eta}{\sqrt{\varepsilon_e}} \left[\dfrac{W}{h} + 1.393 + 0.667 \left\{ \ln\left(\dfrac{W}{2h} + 1.444 \right) \right\} \right]^{-1} & \text{pour } \dfrac{W}{h} > 1 \\[4mm] Z_c \approx \dfrac{\eta}{2\pi\sqrt{\varepsilon_e}} \left[\ln\left(\dfrac{8h}{W} + \dfrac{W}{4h} \right) \right]^{-1} & \text{pour } \dfrac{W}{h} < 1 \end{cases} \quad (2.4)$$

où $\eta = 377\Omega$ représente l'impédance de l'air et ε_e est la constante diélectrique effective.

D'après le système d'équations (2.4), l'évaluation de l'impédance caractéristique Z_c repose sur la détermination du paramètre ε_e, qui correspond à la permittivité effective de la ligne micro-ruban. Une structure micro-ruban n'est pas homogène parce que le champ électromagnétique généré s'étend sur deux milieux : l'air et le substrat. La constante diélectrique du substrat est différente de celle de l'air, de telle sorte que l'onde se déplace dans un milieu inhomogène. Dans ce cas, les lignes de champ subissent des réfractions à l'interface air-substrat. La grandeur ε_e est donc introduite pour tenir compte de cette inhomogénéité (Figure 2.3).

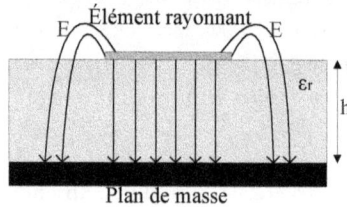

FIGURE 2.3: Effets de bords dans une antenne planaire.

Dans le cadre de travaux similaires [36], l'expression analytique de ε_e est calculée pour les différents rapports W/h :

$$
\begin{cases}
\varepsilon_e \approx \left(\dfrac{\varepsilon_r + 1}{2}\right) + \left(\dfrac{\varepsilon_r - 1}{2}\right)\left[\dfrac{1}{\sqrt{1 + 12\dfrac{h}{W}}} + 0.04\left(1 - \dfrac{W}{h}\right)^2\right] & \text{pour } \dfrac{W}{h} > 1 \\[4ex]
\varepsilon_e \approx \left(\dfrac{\varepsilon_r + 1}{2}\right) + \left(\dfrac{\varepsilon_r - 1}{2}\right)\left(\dfrac{1}{\sqrt{1 + 12\dfrac{h}{W}}}\right) & \text{pour } \dfrac{W}{h} < 1
\end{cases}
\tag{2.5}
$$

avec ε_r la permittivité relative du substrat.

Une amélioration des performances d'une antenne planaire consiste à considérer que les lignes du champ électrique ne s'arrêtent pas brutalement aux bords de l'élément rayonnant (Figure 2.3). Cet effet de bord est compensé en rajoutant un allongement physique $\Delta\ell$ de la ligne. Son expression est donnée par [35] :

$$\Delta\ell = 0.412h\frac{(\varepsilon_e + 0.3)\left(\dfrac{W}{h} + 0.264\right)}{(\varepsilon_e - 0.258)\left(\dfrac{W}{h} + 0.8\right)} \tag{2.6}$$

En tenant compte de cet allongement, la longueur finale de l'élément rayonnant L est donnée par l'équation (2.7). La valeur de cette longueur peut être déterminée à partir des deux équations (2.5) et (2.6).

$$L = \frac{c}{2f_r\sqrt{\varepsilon_e}} - 2\Delta\ell \tag{2.7}$$

La longueur de l'élément rayonnant permet de déterminer la fréquence de résonance f_r de l'antenne planaire. Quant à la largeur W de l'élément rayonnant, elle joue principalement sur le rendement énergétique, sur l'impédance de l'antenne ainsi que sur sa bande passante. Elle est donnée par :

$$W = \frac{c}{2f_r}\left(\frac{\varepsilon_r + 1}{2}\right)^{-\frac{1}{2}} \tag{2.8}$$

La modélisation de l'antenne planaire par une ligne micro-ruban permet d'évaluer ses caractéristiques électriques et de déterminer ses dimensions.

2.2.1.4 Alimentation d'une antenne planaire

Il est indispensable de prendre en considération le mode d'alimentation dans la conception des antennes planaires. L'énergie est transmise à l'élément rayonnant par le biais de divers procédés d'alimentation : par sonde coaxiale, par ligne micro-ruban ou par ouverture dans le plan de masse. Du fait de son faible dimensionnement, l'alimentation par sonde coaxiale est utilisée. Cette alimentation a l'avantage d'être située à l'arrière de l'élément rayonnant. Dans le cas de substrats de faibles épaisseurs, une sonde coaxiale est placée en un point situé sur l'axe de symétrie de l'élément rayonnant, afin d'obtenir un point d'impédance réelle quasiment égale à $50\,\Omega$ [37]. En revanche, dans le cas de substrats épais, un effet inductif est généré par la sonde, et la bande passante est affectée. Cependant, la réalisation de fentes autour de la sonde coaxiale permet de générer un effet capacitif servant à compenser l'effet inductif indésirable.

2.2.2   Étude théorique et expérimentale des antennes d'émission et de réception

Une antenne d'émission émet une onde électromagnétique vers le transpondeur dans le but de l'interroger. Ce dernier reçoit une partie de l'énergie et la réémet dans différentes directions. L'antenne de réception permet de capter le signal réfléchi par le transpondeur. Les dimensions des deux antennes dépendent de la bande de fréquence de fonctionnement B_f qui équivaut [867.5 → 869.5MHz], de leur diagramme de rayonnement et aussi de l'espace disponible dans le véhicule.

2.2.2.1   Étude de l'antenne d'émission

En raison de ses multiples avantages pour l'application, notamment son rendement important, son rayonnement directif et perpendiculaire à la surface de l'antenne ainsi que son faible rapport de rayonnement avant/arrière, un réseau d'antennes planaires a été choisi à l'émission. Ces propriétés lui permettent d'illuminer principalement le transpondeur. Un réseau d'antennes offre une ouverture angulaire étroite, ce qui se traduit par une minimisation du couplage mutuel avec l'antenne de réception.

Étude théorique du réseau d'antennes

Considérons un réseau de n éléments rayonnants identiques disposés suivant l'axe y, espacés d'une distance d et alimentés avec la même amplitude et la même phase (Figure 2.4). Dans un système de coordonnées sphériques, le point d'observation M est repéré par θ et ϕ.

L'étude théorique d'un tel réseau d'éléments rayonnants est basé sur les caractéristiques d'un seul élément rayonnant. Le champ électrique rayonné par un seul élément est donné par :

$$E_i(\theta,\phi) = f(\theta,\phi)\, I_i \exp\left[j\left(k_0 z_i cos\theta + \beta_i\right)\right] \tag{2.9}$$

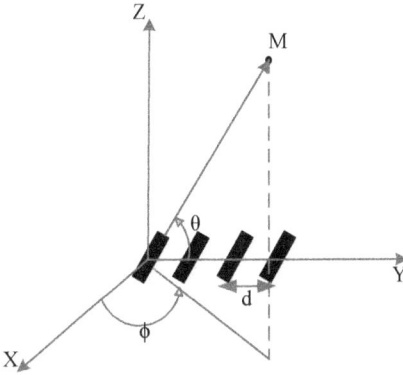

FIGURE 2.4: Diagramme de rayonnement d'un réseau d'antennes.

Où k_0 est le vecteur d'onde, I_i et β_i sont respectivement l'amplitude et la phase de l'excitation et $j = \sqrt{-1}$. La fonction $f(\theta, \phi)$ représente le diagramme de rayonnement d'un seul élément [38]. Elle est exprimée par la formule suivante :

$$f(\theta, \phi) = \frac{\sin\left(\frac{k_0 h}{2} \sin\theta \cos\phi\right)}{\frac{k_0 h}{2} \sin\theta \cos\phi} \times \frac{\sin\left(\frac{k_0 W}{2} \cos\theta\right)}{\frac{k_0 W}{2} \cos\theta} \sin\theta \tag{2.10}$$

En supposant que le couplage entre les éléments est négligeable et en appliquant le théorème de superposition, on détermine le champ électrique total rayonné par ce réseau de n éléments en un point M quelconque. Il s'agit de la somme des champs électriques rayonnés par chaque élément.

$$E(\theta, \phi) = \sum_{i=1}^{n} E_i(\theta, \phi) \tag{2.11}$$

$$E(\theta, \phi) = f(\theta, \phi) \sum_{i=1}^{n} I_i \exp\left[j\left(k_0 z_i cos\theta + \beta_i\right)\right] \tag{2.12}$$

La caractéristique de rayonnement du réseau est introduite par le module du champ électrique rayonné $E(\theta, \phi)$, soit :

$$|E(\theta,\phi)| = |f(\theta,\phi)| \times |T| \qquad (2.13)$$

L'équation (2.13) représente la caractéristique du rayonnement d'un réseau d'éléments identiques non isotropes. Cette équation correspond au théorème de multiplication des diagrammes dont le paramètre T joue un rôle important. Ce paramètre est appelé facteur de
réseau, il dépend entièrement de la distribution spatiale des éléments du réseau et aussi de
leurs excitations. Ce facteur traduit l'effet de la mise en réseau de plusieurs éléments identiques rayonnants sur le diagramme de rayonnement total et sur la directivité (Équation
2.14).

$$T = \sum_{i=1}^{n} I_i \exp j(k_0 z_i \cos\theta + \beta_i) \qquad (2.14)$$

Dans le cas de la Figure 2.4, les éléments du réseau sont identiques et espacés le long de l'axe
Y avec une distance inter-éléments $(0, d, 2d...(n-1)d)$ et excités avec une onde progressive.
L'équation (2.14) montre qu'un maximum du facteur de réseau T est obtenu pour :

$$k_0 z_i \cos\theta_m + \beta_i = 0 \qquad (2.15)$$

$$ik_0 d \cos\theta_m + \beta_i = 0; \qquad \beta_i = i\beta_0; \quad i = 0, 1, ...n-1 \qquad (2.16)$$

où β_0 représente le déphasage entre chaque élément du réseau. L'angle θ_m représente la
direction du lobe principal du rayonnement du réseau. Cet angle est exprimé à partir de
l'équation (2.16), selon :

$$\theta_m = \arccos\left(\frac{\beta_0 \lambda_0}{2\pi d}\right) \qquad (2.17)$$

où λ_0 est la longueur d'onde à la fréquence de fonctionnement.

D'après l'expression (2.17), la direction de rayonnement du réseau d'antennes dépend principalement du déphasage entre les éléments rayonnants qui constituent le réseau ainsi que de
la distance inter-éléments. D'après les deux équations (2.14) et (2.16), le facteur de réseau
devient :

$$T = \sum_{i=1}^{n} I_i \exp j i k_0 d(\cos\theta - \cos\theta_m) \qquad (2.18)$$

Ce facteur de réseau peut se réécrire sous la forme suivante :

$$T = \sum_{i=1}^{n} I_i \exp jik_0 d\psi \quad \text{avec} \quad \psi = K_0 d(\cos\theta - \cos\theta_m) \tag{2.19}$$

L'équation (2.19) montre que le facteur de réseau correspond à une suite géométrique de raison n.

En considérant que l'espacement et le déphasage entre les éléments rayonnants sont constants, ainsi que l'amplitude de l'excitation I_i de chaque élément $I_i = I_0$, le facteur de réseau devient :

$$T = I_0 \times \frac{1 - \exp(jn\psi)}{1 - \exp(j\psi)} = I_0 \times \frac{\exp\left(j\dfrac{n\psi}{2}\right)\sin\left(\dfrac{n\psi}{2}\right)}{\exp\left(j\dfrac{\psi}{2}\right)\sin\left(\dfrac{\psi}{2}\right)} \tag{2.20}$$

Or le rapport $\sin\left(n\dfrac{\psi}{2}\right)/\sin\left(\dfrac{\psi}{2}\right)$ est maximal pour $\psi/2$, k étant un nombre entier et

$$\lim_{\frac{\psi}{2} \to 0} \frac{\sin\left(n\dfrac{\psi}{2}\right)}{\sin\left(\dfrac{\psi}{2}\right)} = n \quad \text{Donc} \quad |T| = \frac{\sin\left(\dfrac{n\psi}{2}\right)}{n\sin\left(\dfrac{\psi}{2}\right)} \tag{2.21}$$

Le facteur de réseau présente un comportement périodique en fonction du déphasage ψ. Cette variable est maximale lorsque $\psi = 0, \pm 2\pi, \pm 4\pi...$. Par ailleurs, lorsque $\psi = 0$ l'angle θ_m donne la direction du rayonnement principal du réseau d'antennes. Pour $\psi = \pm 2\pi, \pm 4\pi...$, l'angle θ_m définit la structure des rayonnements de périodicité, qui sont indésirables et peuvent être éliminés en choisissant $d < \lambda_0$.

Le module du facteur de réseau $|T|$ permet de caractériser le rayonnement d'un réseau quelconque. L'équation (2.21) montre que les caractéristiques d'un réseau d'antennes dépendent principalement du nombre n, du déphasage entre les éléments ainsi que de la distance inter-éléments. Pour illustrer ceci, on compare le facteur de plusieurs réseaux d'antennes avec $n = 2, 4, 6, 8, 10$ pour une distance inter-éléments de 0.5λ, et pour un déphasage nul entre les éléments ($\beta_0 = 0$). La Figure 2.5 montre l'évolution du facteur de réseau en fonction de l'angle d'élévation θ.

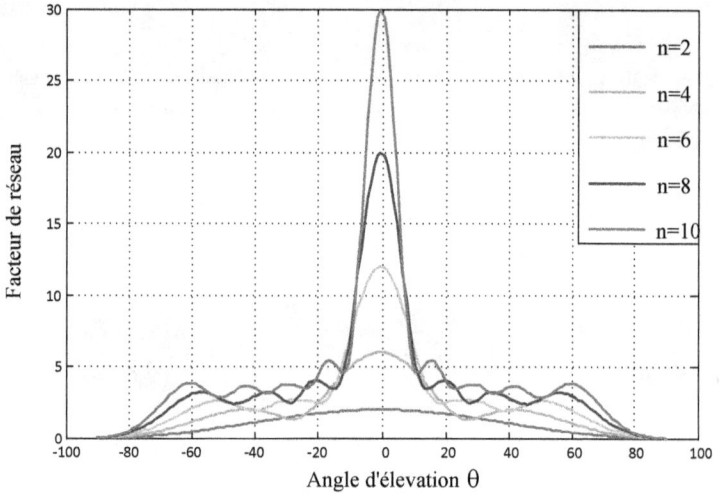

FIGURE 2.5: Facteur de réseau en fonction de θ pour $\beta_0 = 0$.

Le facteur de réseau présente un maximum que l'on nomme lobe principal à $\theta = 0$ sur le plan d'élévation (plan perpendiculaire à la surface de l'antenne). Les autres maxima correspondent aux lobes secondaires. Plus le nombre d'éléments n est important, plus la directivité est importante dans la direction du lobe principal. Quant à l'angle d'ouverture à -3 dB, il diminue et le nombre de lobes secondaires augmente.

Par la suite, une étude expérimentale des antennes d'émission et réception sera présentée. Cette étude permet de déterminer de manière optimale toutes les caractéristiques des antennes planaires décrites.

Étude expérimentale de l'antenne d'émission

En raison de la contrainte d'encombrement dans le véhicule, un réseau d'éléments alignés sur le même axe n'est pas favorable à notre application. Pour cela, il est nécessaire de trouver un emplacement optimal des éléments. On propose un réseau de 4 éléments, disposés en carré, il s'agit d'un réseau de 2×2 éléments (Figure 2.6).

L'antenne planaire est imprimée sur un substrat FR4 de permittivité relative $\varepsilon_r = 4.4$ et d'épaisseur $h = 0.8$ mm. Les dimensions des éléments rayonnants W et L du réseau ainsi que la permittivité effective ε_e, sont obtenues à l'aide des équations (2.5), (2.7) et (2.8).

La distance inter-éléments d est fixée à 0.45λ afin de minimiser les lobes de périodicité. En considérant ces paramètres, l'antenne est de taille 27 cm $\times$ 26 cm, avec :

$$W = 7.5 \text{ cm}, \quad \varepsilon_e = 4.23 \text{ et} \quad L = 8.4 \text{ cm} \tag{2.22}$$

Comme le montre la Figure 2.6, les 4 éléments de l'antenne sont reliés à un dispositif composé de lignes micro-rubans d'impédance caractéristique $Z_C = 50\,\Omega$ ou $100\,\Omega$. Ces éléments rayonnants sont reliés au dispositif pour obtenir un réseau d'antennes polarisées horizontalement. Cette propriété est nécessaire car les transpondeurs seront placés horizontalement sous les bandes blanches. Ce dispositif est dimensionné et mis en place afin de réaliser une adaptation d'impédance par rapport à $50\,\Omega$ et d'obtenir des éléments symétriques (déphasage nul). L'adaptation d'impédance est réalisée en utilisant des lignes quart d'onde $\lambda/4$ et demi-ondes $\lambda/2$ qui permettent de réaliser les transformations d'impédance souhaitées, suivant la formule de l'impédance ramenée Z_r donnée par :

$$Z_r = Z_c \frac{Z_e + Z_c \tanh(\gamma L)}{Z_c + Z_e \tanh(\gamma L)} \tag{2.23}$$

avec γ est la constante de propagation et Z_e représente l'impédance à transformer et Z_c est l'impédance caractéristique.

Concernant le mode d'alimentation, l'antenne est alimentée par une sonde coaxiale provenant de l'arrière des éléments et placée au centre de l'antenne afin que le déphasage entre les 4 éléments soit nul.

L'étape suivante consiste à étudier les comportements électromagnétique et électrique de cette antenne d'émission, tels que l'impédance, l'adaptation d'impédance, le diagramme de

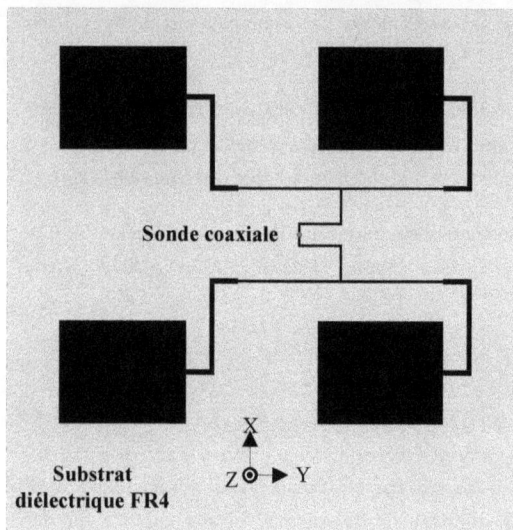

FIGURE 2.6: Géométrie du réseau d'antennes 2×2 réalisé.

rayonnement et le gain. Pour cela, on présente une étude analytique effectuée sous le logiciel ANSYS HFSS basé sur la méthode des éléments finis. Les résultats de cette étude sont ensuite vérifiés expérimentalement par des mesures en chambre anéchoïque.

Impédance

Une antenne peut être caractérisée par son impédance complexe Z_a. Cette impédance est composée d'une partie réelle R_a et d'une partie imaginaire X_a. L'énergie dissipée dans R_a correspond à l'énergie rayonnée par l'antenne. L'énergie dissipée dans X_a correspond quant à elle aux pertes diélectriques.

$$Z_a = R_a + j\,X_a$$

Le résultat de simulation de l'impédance complexe Z_a montre qu'autour de la fréquence de 868.3 MHz, l'impédance a une partie réelle proche de $50\,\Omega$ et une partie imaginaire quasi nulle. Par ailleurs, un effet capacitif ($X_a < 0$) apparait aux fréquences inférieures à 868.3 MHz.

Lorsque la fréquence augmente, c'est l'effet inductif qui domine ($X_a > 0$).

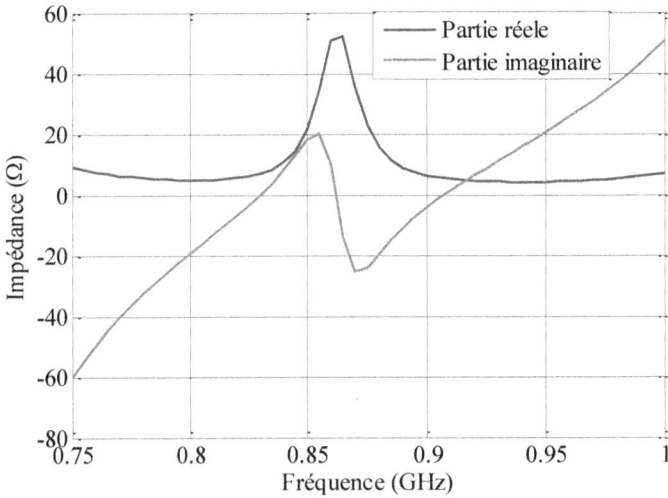

FIGURE 2.7: Impédance du réseau d'antennes réalisé.

Coefficient de réflexion

L'antenne d'émission est conçue pour être adaptée à l'impédance caractéristique de la ligne de transmission Z_c qui sert à l'alimentation du réseau. On définit alors le coefficient de réflexion Γ de cette antenne comme une mesure de la qualité de cette adaptation, soit :

$$\Gamma = \frac{Z_a - Z_c}{Z_a + Z_c} \tag{2.24}$$

Comme le montre l'équation (2.24), la valeur de l'impédance Z_a ainsi que l'impédance caractéristique de la ligne d'alimentation sont les paramètres déterminants dans le calcul du

coefficient de réflexion Γ. La Figure 2.8 montre une comparaison du coefficient de réflexion
simulé et mesuré à l'aide d'un analyseur de réseau[1].

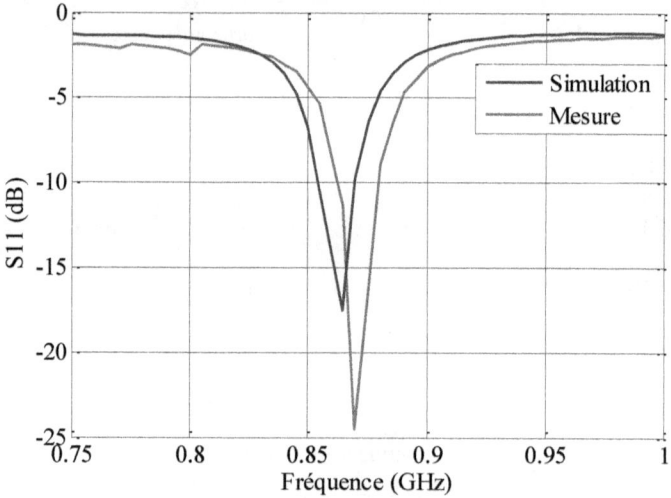

FIGURE 2.8: Comparaison des coefficients de réflexion Γ mesuré et simulé.

Le minium du coefficient de réflexion simulé ou mesuré ne correspond pas à la fréquence
868.3 MHz. Ce décalage fréquentiel est dû à l'ajout du circuit d'adaptation composé de lignes
micro-rubans. Néanmoins, on obtient en mesure un coefficient de réflexion faible de -19 dB à
la fréquence concernée 868.3MHz, ce qui traduit une bonne adaptation. Les bandes passantes
simulée et mesurée à -10 dB sont proches de 17 MHz, couvrant la bande de fréquence de
fonctionnement B_f (Tableau 2.1).

---

1. Agilent technologies E5061B

	F_r (MHz)	Γ (dB) à F_r	Γ (dB) à 868.3 MHz	BP(MHz) à -10 dB
Γ simulé	865	-17.53	-13	$[854 - 870]$
Γ mesuré	870	-24.53	-19	$[862 - 879]$

TABLE 2.1: Simulation et mesure du coefficient de réflexion Γ.

Rayonnement et gain de l'antenne

Le diagramme de rayonnement est une représentation graphique qui permet de caractériser l'aptitude de l'antenne à rayonner dans une ou plusieurs directions privilégiées. À partir de ce diagramme, il est possible de définir plusieurs paramètres essentiels dont l'ouverture angulaire, les directions du rayonnement et la directivité. Le diagramme de rayonnement d'une antenne peut être présenté en coordonnées sphériques (r, θ, ϕ). Il est défini par la variation de la densité de puissance à une distance r dans les directions (θ, ϕ).

Pour bien spécifier le rayonnement de l'antenne, on compare les résultats des simulations et des mesures des deux diagrammes de rayonnement à 868.3 MHz sur le plan E $(\theta, \phi = 0°)$ et sur le plan H $(\theta, \phi = 90°)$. Comme le montre la Figure 2.9, le réseau d'antennes rayonne principalement dans le plan vertical c-à-d dans la direction perpendiculaire au plan du réseau, ce qui est cohérent avec le calcul analytique précédent. Ainsi, les résultats de simulation et de mesure coïncident sur le demi plan vertical, tandis que le rayonnement arrière mesuré ne correspond pas tout à fait à la simulation. Ceci est dû à la difficulté à réaliser une mesure précise sur le plan arrière de l'antenne qui contient notamment un support métallique.

L'ouverture angulaire θ_{3dB} est définie dans le plan contenant la direction du faisceau maximal (lobe principal), comme l'angle entre les deux directions dans lesquelles l'intensité de rayonnement est la moitié de la valeur maximale du faisceau (-3 dB). On obtient $\theta_E = \theta_H = 55°$, tel que θ_E et θ_H sont respectivement les ouvertures à -3 dB dans les deux plans E et H. Ce résultat montre l'intérêt supplémentaire de cette antenne, puisqu'une ouverture large sur le plan H n'est pas nécessaire pour la détection des transpondeurs.

Le dernier paramètre à considérer dans l'étude de cette antenne est son efficacité à rayonner, qui se traduit par son gain. Le gain de l'antenne d'émission est défini par le rapport entre sa puissance rayonnée dans le lobe principal et la puissance rayonnée par une antenne adaptée, isotrope et sans perte. D'après les résultats de simulation et de mesure, on obtient un gain

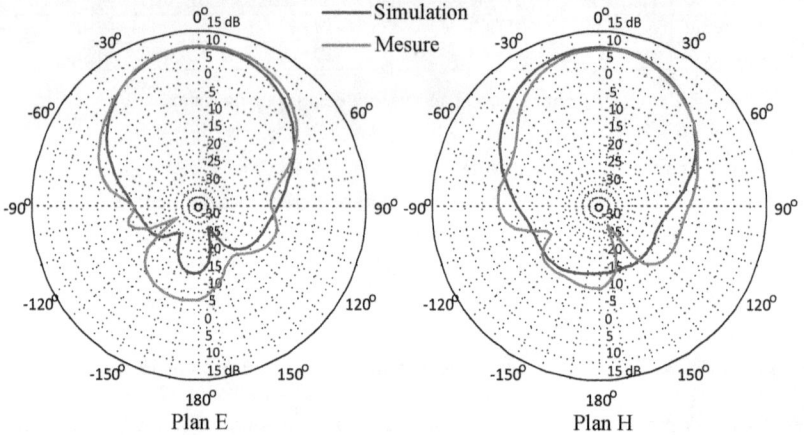

FIGURE 2.9: Diagrammes de rayonnement de l'antenne d'émission dans les plans E et H.

important de 11 dBi à la fréquence de fonctionnement 868.3 MHz. Par ailleurs, le rapport de rayonnement avant/arrière à cette même fréquence est de l'ordre de 25 dB. Ce faible rapport est avantageux pour l'application, car cela garantit un rayonnement faible en direction des passagers et des autres composants électriques embarqués.

2.2.2.2 Étude de l'antenne de réception

L'antenne de réception représente un élément principal dans la chaine de réception. Son rôle est de capter le maximum des ondes électromagnétiques réfléchies par le transpondeur. Pour cela, une antenne planaire ayant un diagramme de captation large, c'est-à-dire une ouverture angulaire large, est privilégiée. L'étude théorique présentée dans la partie 2.2.2.1 montre qu'une antenne planaire avec un seul élément rayonnant permet d'atteindre cet objectif.

Étude expérimentale de l'antenne de réception

En plus de sa facilité de réalisation, une alimentation par une sonde coaxiale permet d'obtenir une structure minimisée de l'antenne, puisqu'elle est effectuée par connexion directe à une ligne coaxiale. Comme le montre la Figure 2.10, le conducteur central du coaxial est alors connecté en un point donné, dont l'impédance à ce point est proche de 50 Ω. Quant au conducteur extérieur, il est relié au plan de masse. Contrairement à l'alimentation par ligne micro-ruban, l'ajout d'un dispositif d'adaptation d'impédance n'est pas utile [37].

Par la suite, les résultats des simulations et des mesures des caractéristiques de cette antenne seront présentés, notamment l'impédance, le coefficient de réflexion, le rayonnement et le gain. Le dimensionnement de l'antenne est celui obtenu dans le cadre de l'étude de l'antenne d'émission, soit :

$$W = 7.5 \text{ cm}, \qquad L = 8.4 \text{ cm}$$

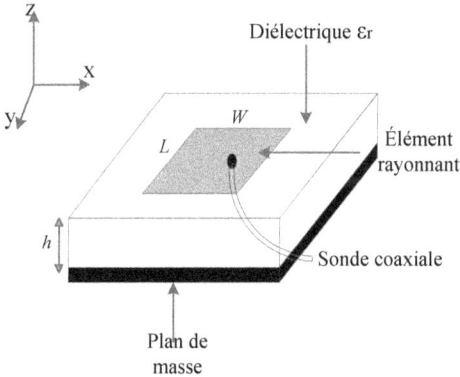

FIGURE 2.10: Alimentation par une sonde coaxiale.

Impédance

Le résultat de simulation de l'impédance complexe qui caractérise l'antenne de réception montre qu'autour de la fréquence de 868.3 MHz, l'impédance a une partie réelle proche de $50\,\Omega$ et une partie imaginaire quasi nulle. Un effet inductif $(R_\ell > 0)$ apparait aux fréquences inférieures à 868.3 MHz, peut être à cause de la connexion (Figure 2.11).

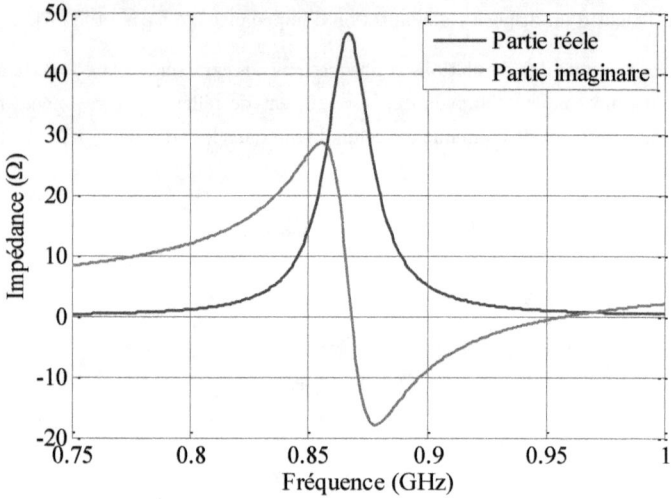

FIGURE 2.11: Impédance de l'antenne de réception.

Coefficient de réflexion

La Figure 2.12 montre une comparaison entre le coefficient de réflexion simulé sous HFSS et celui mesuré dans une chambre anéchoïque.

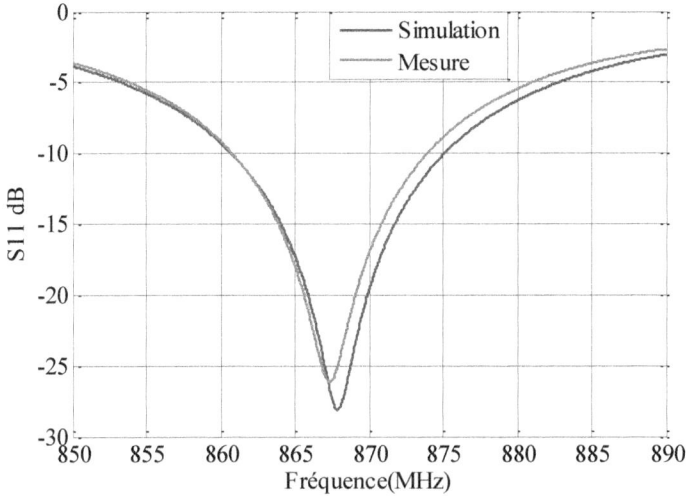

FIGURE 2.12: Comparaison des coefficients de réflexion Γ mesuré et simulé.

On voit apparaitre un décalage fréquentiel léger de la fréquence de résonance obtenue par la mesure. Ceci est dû au procédé de fabrication et surtout à l'effet généré par la sonde coaxiale. En mesure, on obtient un coefficient de réflexion faible de −23.4 dB autour de la fréquence 868.3 MHz, ce qui traduit une bonne adaptation. Les bandes passantes simulée et mesurée à −10 dB sont proches de 14 MHz (Tableau 2.2).

	F_r (MHz)	Γ (dB) à F_r	Γ (dB)à 868.3 MHz	BP(MHz) à −10 dB
Γ simulé	868	-28.03	-26.97	[861 − 875]
Γ mesuré	867.2	-26.09	-23.4	[861 − 874]

TABLE 2.2: Simulation et mesure du coefficient de réflexion Γ de l'antenne de réception.

Captation de l'antenne

En coordonnées sphériques (r, θ, ϕ), le diagramme de rayonnement de cette antenne, qui est équivalent à son diagramme de captation, montre la variation de la densité de puissance à une distance r dans les directions (θ, ϕ). Pour bien spécifier le rayonnement de l'antenne, une comparaison est effectuée entre les résultats des simulations et des mesures dans les deux plans E et H.

D'après la Figure 2.13, on obtient $\theta_E = 105°$ et $\theta_H = 111°$. À la fréquence 868.3 MHz, l'antenne planaire rayonne principalement sur la direction perpendiculaire au plan de l'antenne, ce qui est cohérent avec le calcul analytique précédent.

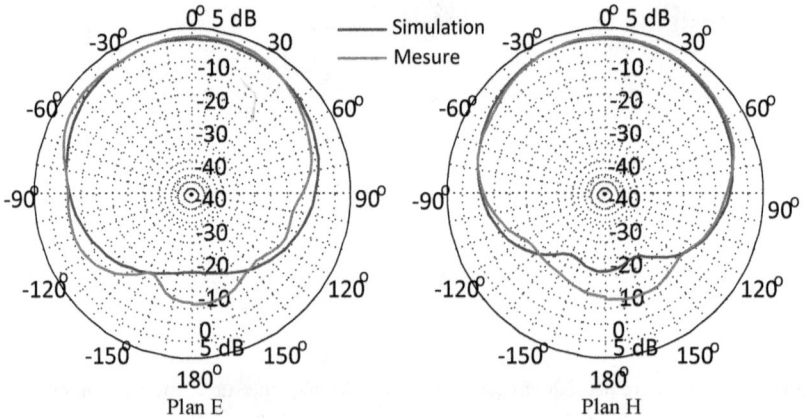

FIGURE 2.13: Diagrammes de rayonnement de l'antenne de réception dans les plans E et H.

Concernant cette antenne, le gain à 868.3 MHz vaut 2.3 dBi et le rapport avant / arrière à cette fréquence est de l'ordre de 15 dB.

2.3 Étude du transpondeur

Lors de la seconde guerre mondiale, des dispositifs conçus par les armées britannique et américaine utilisaient des transpondeurs dans le but de différencier les avions amis des avions ennemis. Des marqueurs passifs étaient placés dans les avions amis afin de répondre à l'interrogation des radars pour déterminer leurs positions. Ce système d'identification est nommé "Identification Friend or Foe (IFF)". Aujourd'hui, le contrôle aérien est toujours basé sur ce principe. Ce dispositif IFF représente la première application de la technologie d'identification par radiofréquence (Radio Frequency IDentifcation, RFID).

Depuis les années 80, la technologie RFID a connu un progrès important lié aux besoins grandissants en matière de traçabilité. À l'aide des avancées technologiques et la réduction des coûts, le champ d'application a largement évolué et de multiples secteurs d'activité bénéficient aujourd'hui de cette technologie. La RFID est un terme générique désignant un ensemble d'applications pour l'identification d'objets au sens large, au moyen d'une communication par ondes radio. Cette technologie s'est développée pour mémoriser et récupérer des données à distance en utilisant des marqueurs nommés radio-étiquette ou des transpondeurs RFID. Les applications couvrent de nombreux secteurs :

– Traçabilité des produits et des marchandises
– Transactions de la vie quotidienne (passeport biométrique, titre de transport, carte de paiement...)
– Télédétection (localisation, identification d'animaux, identification de véhicules...)

Le transpondeur est un dispositif électronique de type TRANSmetteur/réPONDEUR. Il existe différents types de transpondeurs, notamment le transpondeur passif, qui ne possède aucune source d'alimentation interne. Il permet de générer une réponse lors de son interrogation par une onde électromagnétique. En réception, la réponse du transpondeur est traitée dans le but d'extraire l'information utile.

Dans notre cas, l'information recherchée est la distance entre le transpondeur et le dispositif d'interrogation. Le choix de la technologie du transpondeur dépend bien évidemment du cahier des charges, notamment des dimensions de la bande blanche, de la simplicité et du faible coût de fabrication et d'intégration. Pour cette raison, la technologie filaire est privilégiée.

Dans ce qui suit, le principe d'interaction entre le transpondeur filaire et le dispositif d'interrogation sera présenté. Ensuite, le transpondeur le plus adapté à l'application sera décrit.

2.3.1 Étude de la Surface Équivalente Radar

La première étape de l'étude du transpondeur consiste à évaluer sa capacité d'interagir avec un dispositif d'interrogation. Cette interaction dépend de la capacité du transpondeur à réfléchir de l'énergie électromagnétique. La grandeur qui caractérise le degré de réflectivité d'un transpondeur soumis au champ électromagnétique émis par l'antenne d'émission est appelée Surface Équivalente Radar (SER ou RCS pour Radar Cross Section). Par définition, la SER ou σ correspond à une surface effective d'un réflecteur qui, illuminée par un faisceau électromagnétique, rétro-diffuse un écho [39]. Elle correspond au rapport entre la puissance réémise et la densité de puissance reçue par unité de surface. Cette grandeur dépend de la longueur d'onde, de la polarisation de l'onde et de la surface de réflexion du réflecteur. Elle est exprimée en mètre carré.

La surface équivalente radar d'un réflecteur quelconque est exprimée par l'équation suivante :

$$\sigma = \frac{\text{Puissance réflechie vers la source}/\text{unité d'angle solide}}{\text{Densité de puissance incidente}/_{4\pi}} = 4\pi d^2 \frac{|E_r|^2}{|E_i|^2} \qquad (2.25)$$

où E_i représente l'amplitude du champ électrique reçu par le réflecteur, E_r représente l'amplitude du champ électrique rétrodiffusé par le réflecteur, et la distance d correspond à l'écart entre le réflecteur et le dispositif d'interrogation.

La mesure de la SER d'un réflecteur peut être effectuée via l'équation de FRIIS qui relie les puissances réfléchie P_r et émise P_e. Par conséquent, la SER devient :

$$\sigma = \frac{(4\pi)^3 d^4}{\lambda^2 G_r G_e} \frac{P_r}{P_e} \qquad (2.26)$$

où G_e et G_r sont respectivement les gains des antennes d'émission et de réception.

Le but de cette section est la validation d'un point de vue théorique et expérimentale du procédé de l'interaction Transpondeur - Antennes, en utilisant un réflecteur filaire de géométrie simple à fabriquer. Pour cela, la Surface Équivalente Radar (SER) de ce réflecteur filaire est évaluée sous le logiciel ANSYS HFSS. L'interaction est ensuite vérifiée par des mesures dans une chambre anéchoïque.

Comme le montre la Figure 2.14, le réflecteur est placé à une distance du dispositif d'interrogation équivalente à la distance moyenne entre le véhicule et les bandes blanches latérales, soit $d = 1.5$ m. Le transpondeur est positionné à un angle $\theta = 45°$ par rapport aux antennes, afin de former un triangle isocèle avec le dispositif d'interrogation (Configuration bistatique).

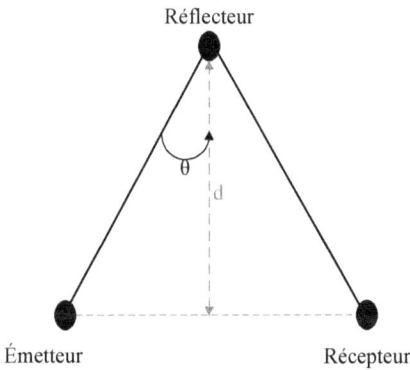

FIGURE 2.14: Disposition du transpondeur pour la mesure de sa SER.

Le réflecteur utilisé est un fil conducteur en cuivre de type demi-onde. Il est dimensionné pour résonner autour de la fréquence de fonctionnement du système, c'est à dire 868.3 MHz. Le fil conducteur est de longueur 16 cm et de diamètre 1 mm.

Lors de la simulation sous HFSS, ce réflecteur est illuminé par une onde incidente plane, ensuite la SER est calculée à l'aide de l'équation (2.25). Comme le montre la Figure 2.15, la surface équivalente radar dépend bien des caractéristiques du réflecteur, elle est importante autour de sa fréquence de résonance.

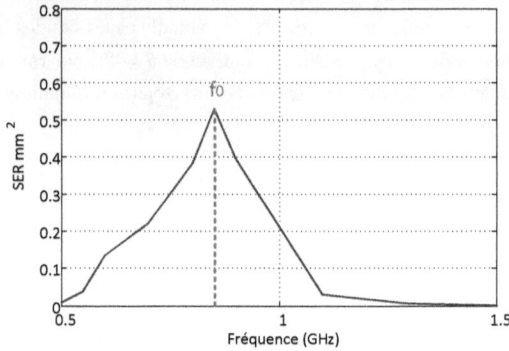

FIGURE 2.15: Évolution de la SER en fonction de la fréquence.

Afin de valider expérimentalement cette interaction, un système constitué du même réflecteur et d'un dispositif d'interrogation est caractérisé dans une chambre anéchoïque. Ce dispositif comporte des antennes large bande de type antennes monopoles, fonctionnant dans la bande [0.61 → 1.3 GHz], couvrant la fréquence de 868.3 MHz (voir Annexes 4.3). Trois réflecteurs de tailles différentes (12 cm, 14 cm et 16 cm) ont été caractérisés dans le but de choisir celui qui est le plus adapté à 868.3 MHz. Les réflecteurs sont placés à une distance $d = 1.5$ m des antennes d'émission et réception. Ces antennes sont disposées dans une configuration bistatique, afin d'éviter l'utilisation de composants micro-ondes spécifiques comme des circulateurs ou des coupleurs. La Figure 2.16 montre la différence des amplitudes des signaux reçus en présence et en absence du réflecteur, en fonction de la fréquence et pour les différentes longueurs du réflecteur. La fréquence de résonance de chaque réflecteur dépend de sa longueur, de manière inversement proportionnelle, ce qui est conforme à la théorie. On constate que le réflecteur de longueur 16 cm est le mieux adapté autour de la fréquence 868.3 MHz.

La bande passante du réflecteur est un autre paramètre à considérer. Ce type de réflecteur possède une bande passante large de l'ordre de 25%, ce qui se traduit par un faible facteur de qualité, $Q = 4$.

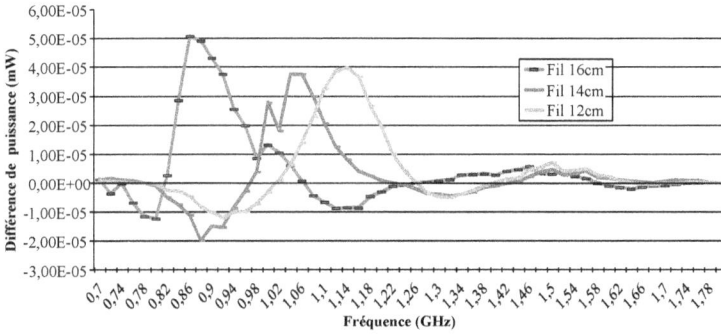

FIGURE 2.16: Réponse de réflecteurs de différentes longueurs.

En présence d'éléments perturbateurs notamment le bruit électromagnétique, il est difficile d'assurer une détection sûre du réflecteur ayant un faible facteur de qualité. Il est ainsi nécessaire de disposer d'un autre type de transpondeur ayant un facteur de qualité plus élevé. Pour cela, un résonateur piézoélectrique sera placé dans le transpondeur précédent.

2.3.2 Exploitation de la piézoélectricité

La piézoélectricité est exploitée dans divers secteurs, tels que l'industrie médicale (biocapteurs) [40], les micro-systèmes électromécaniques (Microelectromechanical systems, MEMS), ainsi que dans le secteur automobile pour notamment les capteurs de pression des pneus [41] mais aussi pour les capteurs de température des collecteurs d'échappement du véhicule [42]. Les propriétés des matériaux piézoélectriques sont également exploitées pour la réalisation de filtres en micro-onde [43].

Un matériau piézoélectrique est un matériau qui lorsque qu'il déformé par l'application d'une contrainte mécanique, donne naissance à une polarisation électrique mesurable. L'effet réciproque existe, à savoir que l'application d'un champ électrique entre les faces d'un matériau piézoélectrique génère une déformation de ce matériau. L'application d'une tension électrique alternative crée alors une onde élastique. Cette onde est la résultante d'une déformation mécanique du réseau cristallin (matériau) qui oscille alors à une fréquence donnée, dite fréquence de résonance. Ce phénomène est largement utilisé pour la réalisation de structures oscillantes, tels que les résonateurs. Les cristaux piézoélectriques les plus souvent utilisés sont le quartz et le niobate de lithium.

Il existe un type d'ondes, dites ondes acoustiques de surface (Surface Acoustic Waves, SAW) découvertes par John Williams Trutt et Lord Rayleigh en 1885, qui se propagent sur la surface du cristal piézoélectrique. Les propriétés des résonateurs SAW ont été utilisées pour l'étude et la réalisation de capteurs depuis 1980 et l'activité correspondante ne cesse de se développer. En pratique, le cœur d'un capteur SAW est un résonateur de type généralement quadripôle entrée/sortie, dans lequel le signal entrant subit en sortie une variation rapide à la fréquence de résonance du résonateur SAW.

2.3.2.1   Étude du résonateur SAW

Les résonateurs SAW exploitent les caractéristiques de leur substrat piézoélectrique pour convertir tout signal électrique en signal acoustique. Ce signal est de nouveau transformé en signal électrique et délivré à la sortie du résonateur (Figure 2.17).

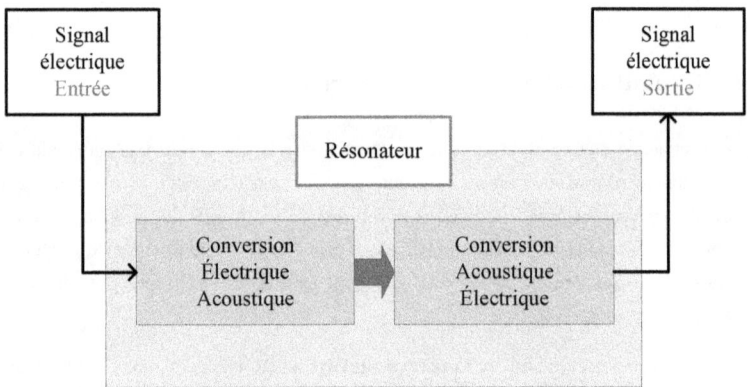

FIGURE 2.17: Principe d'un résonateur à onde acoustiques de surface.

Un résonateur SAW peut présenter un ou deux ports. Le résonateur à un port est composé d'un système d'électrodes inter-digitées (Interdigital Transducer, IDT) et de deux réseaux de réflecteurs de part et d'autre de celui-ci comme présenté dans la Figure 2.18a. Après avoir été générée par l'IDT, l'onde de surface est confinée entre les deux réseaux de réflecteurs. De ce fait, des réflexions multiples (aller-retour) sont générées, d'où la formation d'une onde de surface stationnaire. Quant au résonateur SAW à deux ports, il est constitué de deux systèmes d'électrodes inter-digitées entourés par deux réseaux de réflecteurs positionnés sur un substrat piézoélectrique (Figure 2.18b). D'un point de vue fonctionnel, le deuxième type de résonateur offre un taux d'onde stationnaire plus important. Il permet donc d'obtenir une résonance à fort facteur de qualité. Pour cette raison, ce résonateur à deux ports sera utilisé.

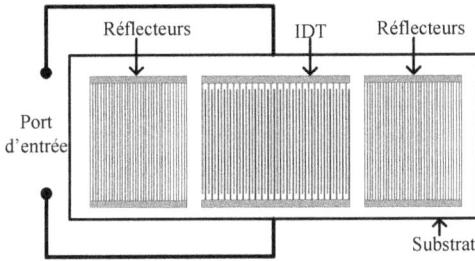

(a) Résonateur à un seul port

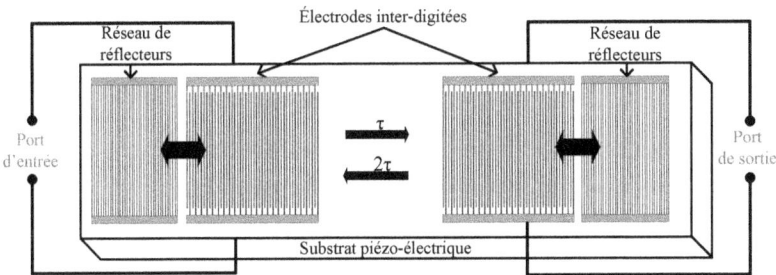

(b) Résonateur à deux ports

FIGURE 2.18: Design d'un résonateur SAW à un et deux ports.

La fréquence de résonance f_0 des résonateurs SAW dépend au premier ordre de la distance entre les différents doigts des électrodes inter-digitées. Cette distance est proportionnelle à la longueur d'onde λ des ondes élastiques de surface. La fréquence f_0 dépend aussi de la vitesse de phase V_ϕ de l'onde élastique excitée, qui est liée à la nature du matériau. Elle s'exprime par la relation :

$$f_0 = \frac{V_\phi}{\lambda} \tag{2.27}$$

Lors de l'application d'un signal électrique à l'entrée du résonateur, ce dernier le transforme en onde élastique, qui se propage à la surface du substrat. Cette propagation dépend de la géométrie des transducteurs inter-digités et du matériau piézoélectrique. Les réseaux de réflecteurs sont également des réseaux d'électrodes inter-digitées mais ceux-là sont court-circuités. Ils renvoient l'énergie produite par les transducteurs interdigitaux [44]. Comme le montre la Figure 2.18b, les ondes élastiques produites par chaque paire d'électrodes inter-fèrent à la surface du cristal piézoélectrique [45]. Le résonateur se comporte donc comme une cavité résonante caractérisée par sa fréquence de résonance f_0 qui dépend directement de l'écartement des électrodes. À la fréquence de résonance, les ondes élastiques sont en inter-férence constructive et l'énergie emmagasinée devient maximale, ce qui implique un facteur de qualité Q élevé dépendant directement du nombre d'électrodes.

$$Q = 2\pi \frac{\text{Énergie emmagasinnée}}{\text{Énergie dissipée}} \tag{2.28}$$

Les résonateurs SAW ont des coefficients de qualité typiquement de plusieurs milliers.

2.3.2.2   Modélisation du résonateur SAW

L'étude du résonateur SAW est effectuée à l'aide du modèle de Butterworth-Van Dyke [46]. Le résonateur piézoélectrique décrit précédemment peut être modélisé par un circuit électrique passif RLC (Figure 2.19). Ce modèle électrique est valable uniquement autour de la fréquence de résonance du résonateur. Le résonateur est modélisé par une capacité fixe C_0 qui traduit son comportement électrique. Elle correspond à la capacité formée par les deux électrodes déposées de manière inter-digitée sur le substrat piézoélectrique. Les composants R, L et C représentent le comportement élastique du résonateur, on l'appelle la branche motionnelle.

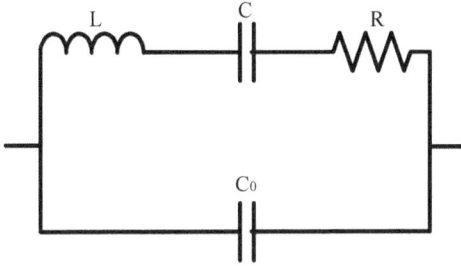

FIGURE 2.19: Modèle Butterworth-Van Dyke du résonateur SAW.

Contrairement à un résonateur classique, le résonateur piézoélectrique présente une résonance série f_s et une résonance parallèle ou anti-résonance f_p décrites par l'équation (2.29). Ainsi, deux facteurs de qualité sont définis pour mesurer l'influence des différentes pertes dues aux réflexions des ondes par les réseaux de réflecteurs et à l'atténuation acoustique. Un facteur pour la résonance série noté Q_s et un autre pour la résonance parallèle noté Q_p [47]. À partir du modèle de la Figure 2.19, les deux facteurs de qualité sont exprimés par l'équation (2.30). En général, les deux coefficients de qualité sont égaux $Q_s = Q_p = Q$, car la capacité C_0 est très grande devant la capacité C.

$$f_s = \frac{1}{2\pi\sqrt{LC}} \quad \text{et} \quad f_p = f_s\sqrt{1 + \frac{C}{C_0}} \qquad (2.29)$$

$$Q_s = \frac{1}{2\pi f_s RC} \quad \text{et} \quad Q_p = Q_s\sqrt{1 + \frac{C}{C_0}} \qquad (2.30)$$

L'écart fréquentiel entre la résonance f_s et l'anti-résonance f_p est relié à un facteur de mérite des résonateurs piézoélectriques appelé le coefficient de couplage électromécanique K^2. Plus l'écart de fréquence est élevé, plus le coefficient de couplage est grand tel que décrit dans l'équation (2.31). Le coefficient de couplage K^2 est le rapport de l'énergie convertie par l'énergie fournie. Il évalue donc l'efficacité d'un matériau piézoélectrique à convertir l'énergie électrique en énergie mécanique et réciproquement. Il est compris entre 0 et 1 et s'exprime en pourcentage. Ce coefficient est utile pour déterminer quel matériau piézoélectrique choisir en fonction de l'application visée. Plus le coefficient s'approche de un, mieux le matériau convertit l'énergie électrique en énergie mécanique.

$$K^2 = 2\frac{f_p - f_s}{f_0} \tag{2.31}$$

D'autres caractéristiques sont à considérer dans le domaine du filtrage, notamment les pertes d'insertion IL. Elles sont définies comme le niveau de pertes mesuré à la fréquence de résonance f_0 sur la réponse électrique en transmission. Elles dépendent du coefficient de couplage et du coefficient de qualité du filtre. L'équation (2.32) définit l'expression du minimum des pertes d'insertion en fonction des différentes caractéristiques du résonateur [48].

$$IL_{min} = 10\log_{10}\frac{\pi^2}{(2K^2)^2}\left(\frac{\Delta f}{f_0}\right)^4 \tag{2.32}$$

Le rapport $\Delta f/f_0$ est le maximum de la bande passante relative à 3 dB du filtre, qui n'est autre que l'inverse du coefficient de qualité Q.

Le minimum des pertes d'insertion est obtenu pour des bandes passantes relatives faibles. Dans ce cas, de nombreux substrats piézoélectriques peuvent être utilisés pour la réalisation du résonateur [48].

Cette étude théorique permet de comprendre le principe d'un résonateur à onde acoustique de surface, pour bien définir les caractéristiques importantes du résonateur les plus adaptés à notre application. La réalisation de ce type de résonateur nécessite des techniques complexes liées à la fabrication des couches minces qui constituent ce composant. Celle-ci requiert par exemple un dépôt en phase vapeur chimique (Chimical Vapor Deposition, CVD) ou en phase vapeur physique (Physical Vapor Deposition, PVD) [49]. Les risques de ces techniques sont nombreux : film peu dense, contamination par des gaz issus de la réaction chimique ainsi que la complexité de la mise en place du système de dépôt. Pour cette raison, un résonateur commercial[2] de type SAW est intégré dans notre système. Sa fréquence de résonance correspond à la fréquence de fonctionnement du système f_0 et son facteur de qualité Q est important.

---

2. Farnell R2709

2.3.2.3 Caractérisation du résonateur SAW

L'architecture interne du résonateur à onde de surface utilisé correspond à celle décrite sur la Figure 2.18b. Il est composé de deux transducteurs à électrodes inter-digitées de type bidirectionnelles qui correspondent aux ports d'entrée et de sortie, et de deux réseaux de réflecteurs déposés sur un substrat piézoélectrique. Le boitier du résonateur est de type "Composants Montés en Surface" (Surface Mounted Device, SMD). La taille du résonateur est de $5 \times 5 \times 1.36$ mm^3 comprenant :

- Un substrat piézoélectrique avec son motif d'électrodes métalliques ;
- Des fils de connexion électriques ;
- Un boitier d'encapsulation en céramique ;

D'après la Figure 2.20a, les ports d'entrée et de sortie du résonateur correspondent respectivement aux broches $(2,3)$ et aux broches $(6,7)$. Les broches 4 et 8 représentent la masse du boitier. Le boitier en céramique se caractérise par une excellente isolation électrique entrée-sortie et crée un blindage électromagnétique. Le modèle BVD est appliqué afin d'obtenir un circuit équivalent à éléments localisés (Figure 2.20b). Le comportement physique du résonateur dépend des composants RLC décrits précédemment, des deux capacités C_0, qui représentent l'effet des deux transducteurs et enfin d'un transformateur qui illustre le transfert d'énergie d'un port à l'autre.

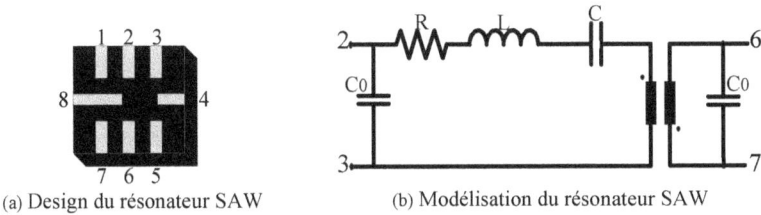

(a) Design du résonateur SAW   (b) Modélisation du résonateur SAW

FIGURE 2.20: Brochages et modélisation du résonateur SAW [50].

On a $C = 0.279$ fF, $L = 120.4$ μH, $R = 100\,\Omega$ et $C_0 = 1.9$ pF.

Le circuit RLC permet d'exprimer la fréquence de résonance de 868.3 MHz, soit :

$$f_0 = \frac{1}{2\pi\sqrt{LC}} \tag{2.33}$$

La fonction de transfert du résonateur SAW nommé $H(f)$, peut être évaluée à l'aide d'un diagramme fonctionnel, dans lequel $H(f)$ est définie en fonction de 3 termes. D'abord $H_1(f)$ et $H_2(f)$ qui correspondent respectivement aux réponses fréquentielles des transducteurs d'entrée et de sortie. Le troisième terme est associé à la propagation de l'onde entre ces deux transducteurs (Figure 2.21).

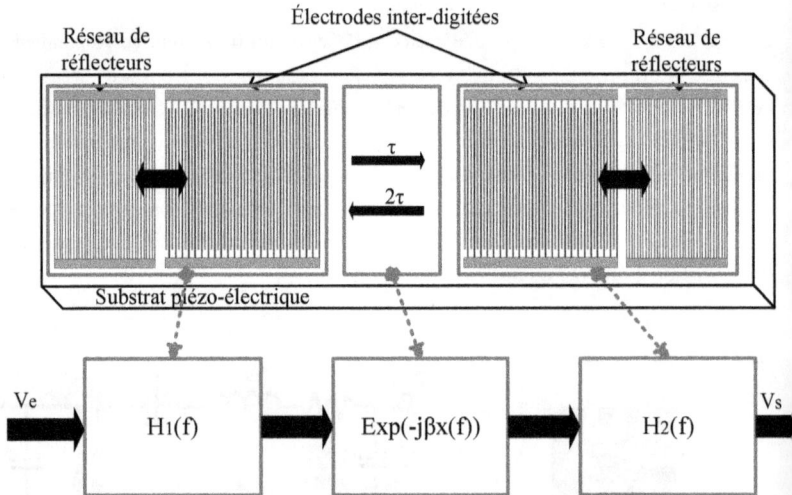

FIGURE 2.21: Représentation du résonateur à l'aide d'un diagramme fonctionnel.

La fonction de transfert peut être exprimée selon l'équation (2.34) :

$$H(f) = H_1(f) \times H_2^*(f) \times \exp^{-j\beta x}(f) = \frac{V_s(f)}{V_e(f)} \tag{2.34}$$

Où $H_2^*(f)$ est le conjugué de la réponse fréquentielle $H_2(f)$. Le terme $\exp^{(-j\beta x(f))}$ repré-sente le déphasage entre l'entrée et la sortie, avec $\beta = 2\pi/\lambda$ la constante de propagation qui dépend de la fréquence d'excitation et de l'écart de distance entre les deux transducteurs. Ainsi, le module de la fonction de transfert $\left|H(f)\right|$ est égale au module du produit de $H_1(f)$ et $H_2(f)$. Dans le cas ou les deux fréquences de résonance série et parallèle sont identiques, $\left|H(f)\right|$ peut être approximé par :

$$\left|H(f)\right| \propto \left|\frac{\sin\left[N_p\pi(f - f_0)/f_0\right]}{N_p\pi(f - f_0)/f_0}\right| \tag{2.35}$$

où N_p est le nombre de paires d'électrodes dans les transducteurs inter-digités. Pour un nombre donné d'électrodes, par exemple $N_p = 30$, l'évolution de la fonction de transfert $H(f)$ est illustrée sur la Figure 2.22.

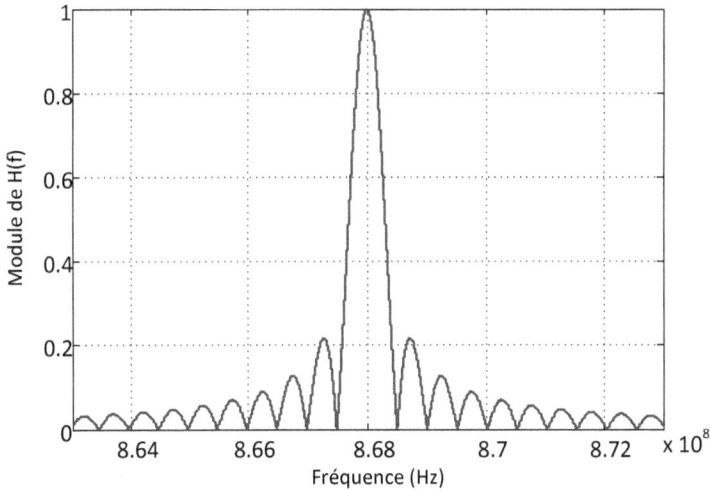

FIGURE 2.22: Évolution fréquentielle de $\left|H(f)\right|$ pour $N_p = 30$.

Le niveau des pertes d'insertion IL suit une fonction sinus cardinal. La distribution fréquentielle obtenue est périodique et symétrique. Ceci est dû à la disposition périodique et symétrique des électrodes des IDT. À la fréquence de résonance f_0, le transfert d'énergie est maximal, ce qui correspond au fonctionnement d'un filtre passe bande.

Comme le montre la Figure 2.23, le résonateur est représenté par un quadripôle à deux ports 1 et 2 qui correspondent respectivement aux broches $(2,3)$ et $(6,7)$ (Figure 2.20).

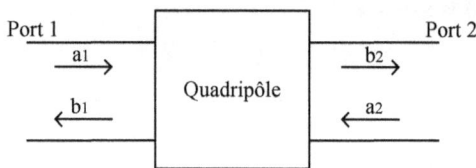

FIGURE 2.23: Représentation quadripôlaire du résonateur SAW. (a_i et b_i représentent respectivement les ondes incidente et réfléchie à l'accès i $(i = 1,2)$).

Ce quadripôle peut être caractérisé à l'aide d'un analyseur de réseau vectoriel, permettant d'envoyer un signal électrique au port d'entrée 1 du résonateur SAW (Figure 2.20). Le résonateur est chargé par une impédance $50\,\Omega$ au port 2. Les réponses mesurées sur les ports 1 et 2 permettent d'évaluer les pertes d'insertion IL, ainsi que le déphasage ϕ. Les mesures sont effectuées dans la plage de fréquence $[863.3 \rightarrow 873.3$ MHz$]$. La Figure 2.24 montre les résultats de ces mesures.

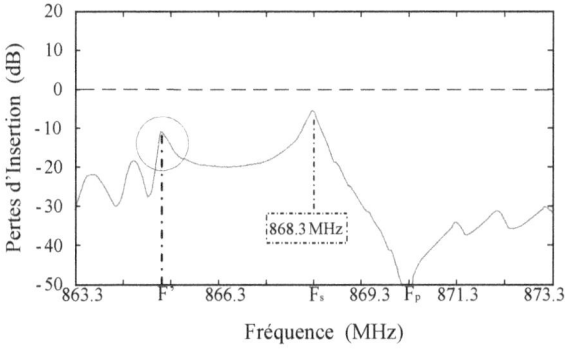

(a) Pertes d'insertion IL

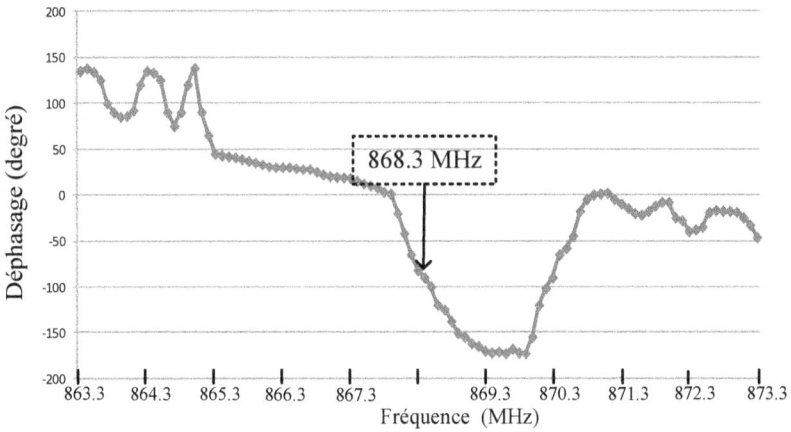

(b) Déphasage ϕ

FIGURE 2.24: Résultats de mesures des caractéristiques du résonateur.

La Figure 2.24a montre que le résonateur se comporte comme un filtre passe bande, avec deux fréquences de résonance. Il s'agit de la fréquence de résonance $f_s = 868.3$ MHz et de l'antirésonance $f_p = 870.3$ MHz. À la fréquence f_s, les pertes d'insertion sont de l'ordre de 6 dB, conformément à ce qui est obtenu dans la littérature [48]. Le facteur de qualité est de $Q = 4350$, cette valeur est proche de la valeur fournie par le constructeur qui est de 5000. En dehors de la fréquence de résonance f_0, des ondulations apparaissent, notamment le pic de résonance à la fréquence F'. Ces ondulations dépendent de la géométrie interne et principalement de la distance entre les deux réseaux de réflecteurs ainsi que de l'emplacement optimale des deux transducteurs dans la cavité. Lorsque la distance entre les deux réseaux de réflecteurs est grande, une onde stationnaire à basse fréquence se forme par les interférences constructives, ce qui correspond aux allers-retours entre les deux réseaux et entre les deux transducteurs [51, 52].

La Figure 2.24b montre l'évolution du déphasage entre le transducteur d'entrée et de sortie. Ce déphasage varie linéairement en dehors de la fréquence de résonance. Cependant, la fréquence de résonance f_0 du résonateur se distingue parfaitement par une transition de phase proche de 180°. Des changements de phase (ondulations) apparaissent en dehors de la résonance. Ces faibles transitions de phase correspondent aux pics de résonances observés sur la Figure 2.24a.

2.3.3   Transpondeur à onde de surface acoustique

Le transpondeur décrit à la section 2.3.1 est rendu plus sélectif en introduisant un résonateur à onde acoustique de surface. Lors de son interrogation par les antennes d'émission et de réception, le transpondeur capte une partie de l'énergie émise par l'antenne d'émission, puis la rétro-diffuse. L'antenne de réception reçoit une partie de l'énergie rétro-diffusée. Les deux antennes sont positionnées dans le même plan, et l'écart entre elles vaut 40 cm. La réception et la rétrodiffusion de l'énergie par le transpondeur sont effectuées par une antenne passive simple de fabrication et d'intégration, de type dipôle demi-onde résonnant à la fréquence 868.3 MHz, ce qui correspond à la fréquence de résonance du résonateur SAW. Cette antenne est d'une taille de 16 cm, elle est connectée au port 1 du résonateur SAW. Le port 2 représente l'impédance de sortie Z du résonateur. Le transpondeur est appelé transpondeur à onde de surface acoustique ou transpondeur SAW et il est illustré sur la Figure 2.25.

Dipôle demi onde

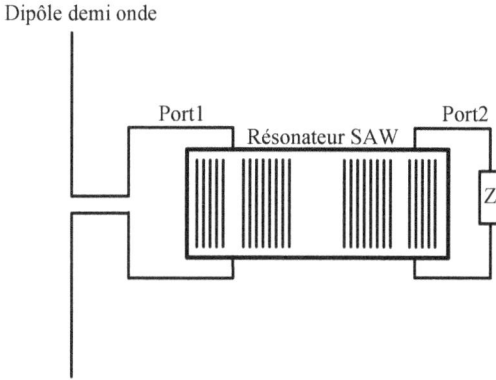

FIGURE 2.25: Transpondeur à onde de surface acoustique.

Pour valider le principe de l'amélioration de la sélectivité du transpondeur, le même procédé de caractérisation que celui appliqué au premier transpondeur est utilisé (Figure 2.16). Le balayage fréquentiel est réalisé dans la bande de fréquence $B_f = [867.5 \to 869.5 \text{ MHz}]$ qui couvre la fréquence utile de 868.3 MHz, avec un pas de 20 kHz. Le transpondeur est placé à une distance $d = 1.5$ m, et les antennes d'émission et de réception sont disposées dans une configuration bistatique. Le banc de mesure est schématisé sur la Figure 2.26.

Le système est caractérisé dans une chambre anéchoïque. La puissance reçue est mesurée par un analyseur de spectre. La Figure 2.27 montre l'évolution de la puissance reçue en fonction de la fréquence.

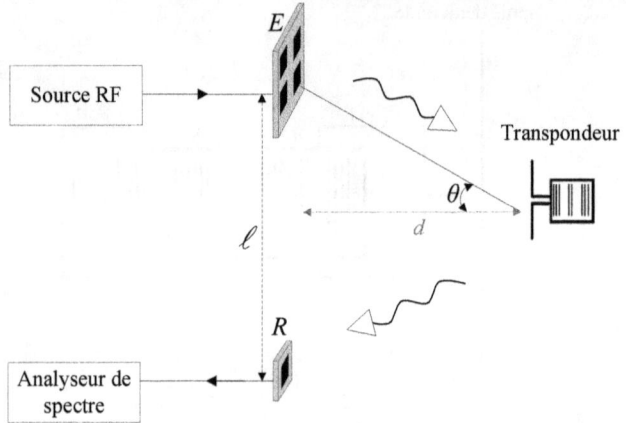

FIGURE 2.26: Banc de mesure.

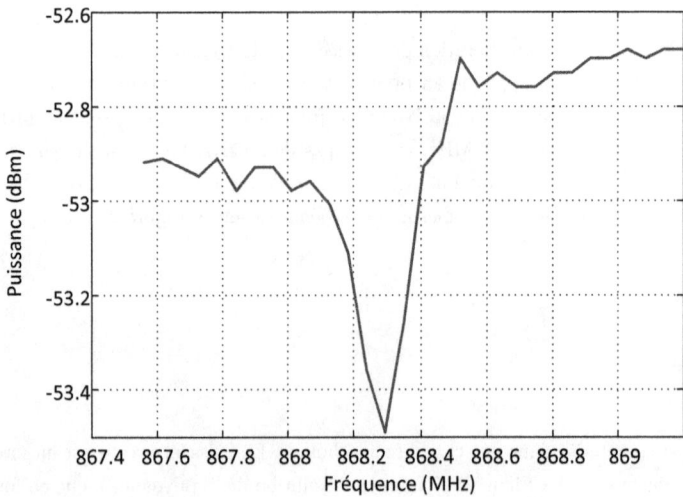

FIGURE 2.27: Puissance reçue en présence du transpondeur SAW.

On constate la réjection d'une bande de fréquences autour de 868.3 MHz, ce qui correspond bien à la réponse du résonateur SAW. Le facteur de qualité est assez élevé, il est de l'ordre de 4000, ce qui est conforme à la notice du résonateur. L'introduction du résonateur dans le transpondeur permet donc d'augmenter notablement le coefficient de qualité de 4 à 4000 environ. Ceci permettra une détection plus fiable du transpondeur au milieu des bruits multiples mesurés par l'antenne de réception.

Conclusion

L'étude théorique et expérimentale de chaque élément de base du système d'aide à la conduite, notamment les antennes d'émission et de réception ainsi que le transpondeur est présentée. Les résultats des simulations et des mesures respectent le cahier des charges en terme de dimensionnement, de la fréquence de fonctionnement, du rayonnement et des performances. Les résultats de la caractérisation du transpondeur ont conduit à introduire un résonateur à onde acoustique de surface afin d'augmenter son facteur de qualité. Ce transpondeur permet de générer une réponse impulsionnelle avec un facteur de qualité 1000 fois supérieur à celui obtenu pour une antenne filaire simple. Cette propriété permet d'identifier le transpondeur facilement lors de son interrogation au milieu du bruit environnant.

Chapitre 3

Méthode et traitements

Ce chapitre est consacré à l'étude expérimentale du système complet d'aide à la conduite pro-posé. D'un point de vue de l'application, il s'agit de détecter efficacement des transpondeurs intégrés dans les bandes blanches latérales. Ce système doit permettre ainsi l'estimation de la distance entre le véhicule et la bande blanche latérale avec une précision suffisante. La première partie de ce chapitre est consacrée à la description du banc de mesure ainsi qu'à la méthode permettant d'évaluer les performances du système. La deuxième partie présente la méthode d'optimisation permettant d'estimer la distance recherchée.

3.1   Banc de mesure

3.1.1   Description du système

L'interrogation du transpondeur via les antennes d'émission et de réception peut se faire à l'aide de différentes méthodes, notamment la transmission d'ondes continues. Comme il a été expliqué dans la section 2.1, ce mode de transmission repose sur l'émission en continue des ondes électromagnétiques en direction du transpondeur suivie par la réception au même instant des ondes réfléchies par le transpondeur. Les systèmes qui utilisent cette technique sont basés sur des configurations bistatiques, où l'émetteur et le récepteur sont dans deux lieux distincts.

La Figure 3.1 montre le montage complet du système développé dans ce projet. Ce système est composé de 3 modules, l'émetteur et le récepteur qui représentent le dispositif d'interrogation, et le transpondeur à ondes acoustiques de surface. L'émetteur est composé principalement d'un générateur de fonction OL', d'un coupleur[1] à 3 dB noté DP, d'un amplificateur de puissance[2] noté A et de l'antenne d'émission E qui a été décrite dans la section 2.2. Le coupleur permet une répartition de puissance égale entre les deux accès avec la même phase. Il permet la synchronisation des deux signaux émis et reçu. L'amplificateur A permet d'amplifier le signal de sortie du coupleur. Cet amplificateur est caractérisé par une large bande passante, une puissance de sortie maximale de 20 dBm, un gain de 28 dB, un facteur de bruit de 2.8 dB et un point d'interception d'ordre 3 (IP3) de 30 dBm.

---

1. ARRA A3-5200-2
2. LUCIX S10M100L2804

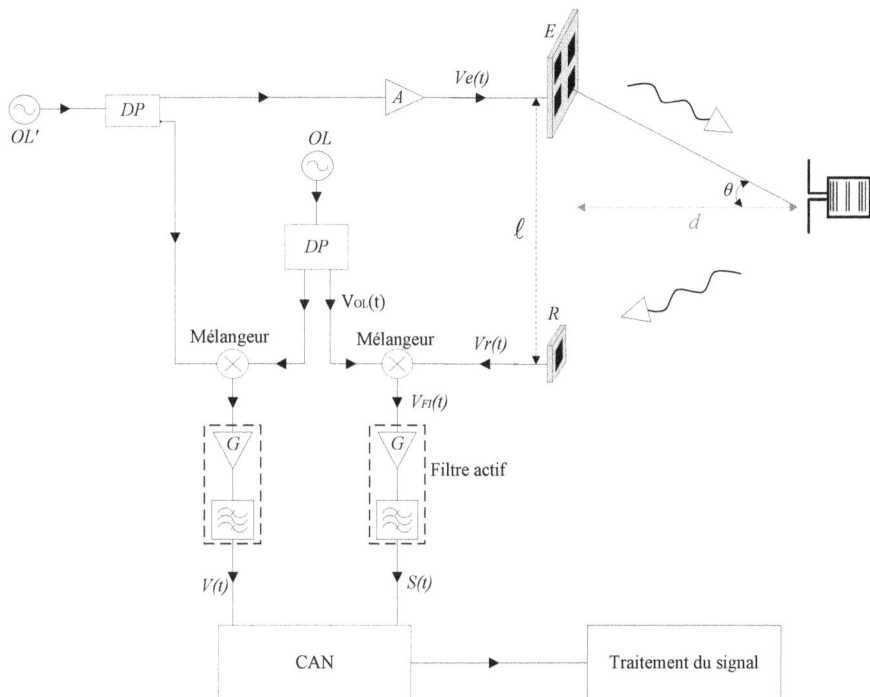

FIGURE 3.1: Description générale du système.

À la sortie de l'amplificateur de puissance A, un signal $V_e(t)$ d'une puissance de $P_e = 5$ dBm est généré puis transmis à l'antenne d'émission E. Il s'exprime sous la forme :

$$V_e(t) = A_e \cos(2\pi f_e t + \phi_e) \tag{3.1}$$

A_e est l'amplitude du signal transmis à l'antenne, f_e est la fréquence d'émission et ϕ_e est le déphasage généré par les composants électriques de l'émetteur par rapport au signal provenant de l'oscillateur local OL'.

Le récepteur du système est conçu pour réaliser une détection hétérodyne. À une distance

$\ell = 40$ cm de l'antenne d'émission, on place l'antenne de réception R qui permet de capter un signal nommé $V_r(t)$. Ce signal de fréquence f_r ($= f_e$) est converti en un signal à une fréquence intermédiaire f_I pour être amplifié, filtré et traité. Cette conversion est réalisée par un mélange entre le signal reçu $V_r(t)$ et le signal $V_{OL}(t)$ provenant de l'oscillateur local OL de fréquence $f_{OL} = f_e + f_I$. On a :

$$V_r(t) = A_r \cos\left(2\pi f_e t + \phi_m\right) \tag{3.2}$$

$$V_{OL}(t) = A_{OL} \cos\left(2\pi\left(f_e + f_I\right)t\right) \tag{3.3}$$

où ϕ_m est la phase mesurée qui se compose de la phase générée par la propagation dans l'espace libre et de la phase ϕ_e. A_r et A_{OL} sont respectivement les amplitudes du signal reçu après la propagation aller-retour et du signal provenant de l'oscillateur local OL'. Le mélangeur utilisé est de type double équilibré[3], il est caractérisé par un gain de conversion de 8.5 dB, une isolation OL/FI de 20 dB et une isolation OL/RF de 25 dB.

Le signal de sortie $V_{FI}(t)$ du mélangeur est composé de deux signaux à $f_{OL} \pm f_e$, ainsi que d'autres signaux à des fréquences indésirables, par exemple les produits d'intermodulation du $3^{\text{ème}}$ ordre ou supérieur. Ces composants sont dus à la non linéarité du composant. Un filtre passe-bas est ajouté pour supprimer les composantes indésirables et ne laisser passer que la composante $f_{OL} - f_e$ qui correspond au signal à la fréquence basse f_I. Ce signal à f_I est ensuite amplifié afin d'augmenter le rapport entre le signal à f_I et les signaux aux fréquences indésirables. Pour réaliser ces deux fonctions, un filtre actif passe bas de type Sallen-key du $2^{\text{ème}}$ ordre est utilisé. Quant à la valeur de f_I, elle est choisie afin d'éviter des perturbations dues aux bruits routiers. Ces bruits sont importants pour les basses fréquences et principalement entre 100 et 2000 Hz, avec une dépendance en fonction du roulement sur la chaussée donc des pneumatiques et du revêtement routier [53]. La fréquence $f_I = 10$ kHz a été retenue. Cependant, elle peut être modifiée selon les besoins, .

À la sortie du filtre actif, on obtient un signal résultant $S(t)$ d'amplitude A_m, de fréquence f_I et ayant une phase ϕ_m.

$$S(t) = A_m \cos\left(2\pi f_I t + \phi_m\right) \tag{3.4}$$

La méthode hétérodyne utilisée pour l'obtention de $S(t)$ est dupliquée dans le but d'obtenir un signal $V(t)$. La phase du signal $V(t)$ correspond à une phase de référence permettant d'estimer la phase de propagation dans l'espace libre $\phi_m - \phi_e$. Enfin, les signaux $S(t)$ et

---

3. PULSAR X-2L-08-411

$V(t)$ sont convertis numériquement afin d'appliquer le traitement du signal correspondant permettant d'extraire l'information utile sur la distance d.

3.1.2 Réponse du transpondeur

Dans le chapitre précédent, on a montré que l'évolution de l'amplitude du signal reçu par l'antenne de réception permet de bien identifier le transpondeur à la fréquence de résonance $f_0 = 868.3$ MHz. Il est maintenant nécessaire d'extraire une information supplémentaire qui est la phase. Le banc de mesure décrit sur la Figure 3.1 est mis en place dans la chambre anéchoïque. Le transpondeur est placé à une distance d du dispositif d'interrogation et à un angle θ de l'antenne d'émission. Suite à un balayage fréquentiel dans la bande $B_f =$ [867.5 → 869.5 MHz] couvrant f_0, le signal résultant $S(t)$ est traité dans le but d'extraire les deux paramètres essentiels : l'amplitude A_m et la phase ϕ_m. En raison de la faible bande passante du transpondeur qui est due à son grand facteur de qualité, le pas d'incrémentation du balayage fréquentiel est fixé à 20 kHz. Les appareils de mesures sont pilotés par le bus d'instrumentation GPIB[4], ce qui permet d'automatiser le banc de mesure. L'acquisition des données de mesures est effectuée à l'aide d'un programme développé sous le logiciel MATLAB.

Dans un premier temps, le transpondeur est placé à une distance $d = 1.05$ m. Lors de son interrogation, l'évolution de A_m et ϕ_m en fonction de la fréquence f_e montre que la réponse du transpondeur est bien identifiée autour de la fréquence de résonance f_0 (Figure 3.2). La variation rapide de l'amplitude et de la phase autour de f_0 s'explique par le facteur de qualité élevé du résonateur à ondes acoustiques de surface. En dehors de la bande de fonctionnement du résonateur, la phase varie linéairement en fonction de la fréquence selon l'équation suivante :

$$\phi_m = 2\pi f_e \frac{D}{c} \tag{3.5}$$

où c est la vitesse de la lumière $\approx 3.10^8$ m/s. La distance d'aller-retour D parcourue par les ondes électromagnétiques est proportionnelle à la distance d séparant le véhicule des bandes blanches. Dans notre cas, la distance aller correspond à la distance retour car les antennes E et R forment avec le transpondeur un triangle isocèle, donc $D = 2d/\cos\theta$.

---

4. General Purpose Interface Bus, IEEE 488

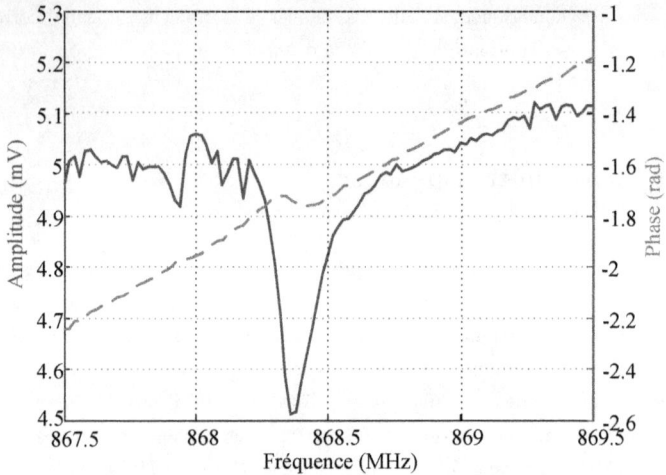

FIGURE 3.2: Amplitude (bleu) et phase (rouge) du signal reçu à $d = 1.05$ m.

Par la suite, un système de coordonnées à deux dimensions est utilisé, chaque point est déterminé par ses coordonnées polaires, qui sont la coordonnée radiale et la coordonnée angulaire. La coordonnée radiale correspond à l'amplitude A_m et la coordonnée angulaire correspond à la phase ϕ_m.

Le dispositif d'interrogation, c'est-à-dire l'antenne d'émission et l'antenne de réception, se déplace avec un pas connu. À chaque distance d_i ($i = 1, 2, 3, 4, 5$) séparant le dispositif d'interrogation du transpondeur, un balayage fréquentiel est appliqué dans la bande B_f. La Figure 3.3 montre l'évolution de la phase ϕ_m et de l'amplitude A_m en fonction de la fréquence f_e et pour chaque distance d_i. À l'aide de la représentation polaire, la réponse du transpondeur est identifiée par une boucle de résonance autour de f_0, et ce pour les différentes distances d_i. On constate par ailleurs que les amplitudes mesurées pour les différentes distances d_i ne respectent pas la loi de FRIIS donnée par l'équation (2.1) dans le chapitre 2.2. Ceci est dû principalement aux interférences destructive et constructive entre les ondes réfléchies par le transpondeur et les réflexions parasites présentes dans la chambre anéchoïque même si celles-ci sont faibles. On note que cet environnement n'est pas tout à fait idéal pour la bande de fréquence de fonctionnement. La phase ϕ_m contient la phase de l'onde directe (aller-retour) perturbée par les réflexions et interférences parasites. Ceci se traduit par la non conformité de l'évolution de la phase en fonction de la distance comme le décrit l'équation (3.5).

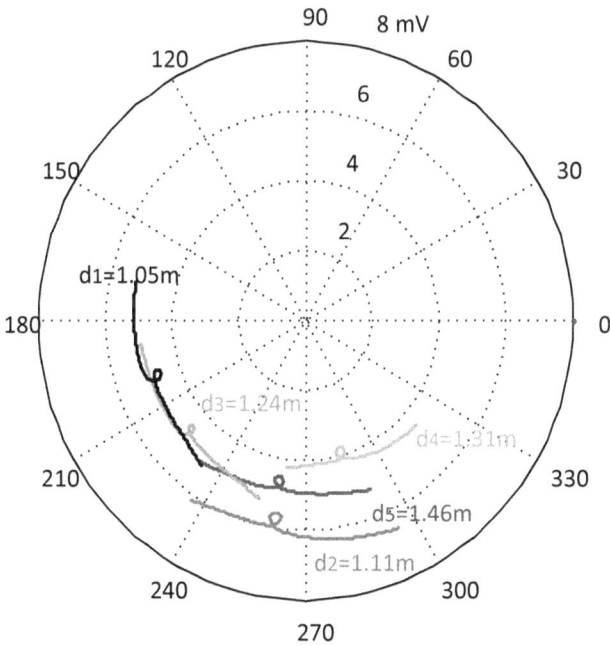

FIGURE 3.3: Représentation polaire de l'amplitude et la phase mesurées en fonction de la distance d.

3.2   Extraction de la phase de l'onde directe

L'avantage d'utiliser la phase comme moyen d'estimation de la distance d entre le véhicule
et les transpondeurs permet de rendre l'estimation indépendante de l'amplitude des ondes
électromagnétiques captées par le dispositif de réception. Par conséquent, cette estimation
devient indépendante de l'efficacité avec laquelle les ondes électromagnétiques sont réfléchies
par les transpondeurs. La distance d peut être estimée à partir de la phase provenant du signal
de l'onde directe. Dans ce cas, il devient nécessaire d'éliminer l'influence des interférences et
réflexions parasites.

3.2.1   Modélisation du comportement physique du transpondeur

Lors de l'interrogation du transpondeur via l'antenne d'émission, l'antenne de réception capte
les ondes réfléchies par le transpondeur ainsi que les ondes électromagnétiques environnantes
composées de bruits électromagnétiques et de réflexions parasites. L'analyse fréquentielle
montre que l'évolution de l'amplitude et de la phase du signal reçu dans la bande B_f peut
s'exprimer sous la forme :

$$Y_m(f_e) = A_m(f_e) \exp(j\phi_m(f_e)) \tag{3.6}$$

Où $A_m(f_e)$ et $\phi_m(f_e)$ représentent respectivement l'amplitude et la phase mesurées du signal reçu à la fréquence f_e. Le comportement physique du signal qui est défini par la fonction
$Y_m(f_e)$ peut être décomposé en deux blocs. Le premier bloc décrit le comportement à variation lente en dehors de la fréquence de résonance f_0, qui représente l'évolution du bruit
environnant. Le deuxième bloc décrit le comportement du résonateur SAW autour de la
fréquence de résonance, qui est caractérisé par la boucle de résonance.

Le premier bloc est totalement inconnu et arbitraire, pour cela une fonction polynomiale est
utilisée. Le degré du polynôme dépend de la complexité des bruits environnants. Compte
tenu de la bande de fréquence des mesures, le polynôme peut être choisi d'ordre 2 ou 3.
Concernant le deuxième bloc, il est modélisé par la fonction de transfert d'un filtre passe-
bande qui produit la variation rapide de la phase ϕ_m et de l'amplitude A_m autour de f_0.

Les ondes électromagnétiques reçues par le dispositif de réception se comportent vis-à-vis
de la fréquence f_e des ondes électromagnétiques émises par le dispositif d'émission, selon le

modèle théorique complet :

$$Y_T = \underbrace{\left(a\omega_e^3 + b\omega_e^2 + c\omega_e + d\right)}_{1^{er}\text{ bloc}} + \underbrace{\frac{j\omega_e\omega_0}{Q\left(\omega_0^2 - \omega_e^2\right) + j\omega_e\omega_0}G(f_0)\exp\left(-j\phi(f_0)\right)}_{2^{ème}\text{ bloc}}$$

où ω_e est la pulsation de l'onde électromagnétique émise, a, b, c, d sont les coefficients du polynôme représentant le bruit environnant et j représente la racine carrée du nombre -1. La pulsation propre du résonateur et son facteur de qualité sont donnés respectivement par ω_0 et Q. Le gain des ondes électromagnétiques réfléchies par le transpondeur est nommé G et la phase correspondant à l'onde faisant un aller-retour est représentée par ϕ.

3.2.2 Méthode d'optimisation

À l'aide du modèle physique $Y_m(f_e)$ et du modèle théorique $Y_T(f_e)$, une méthode d'optimisation a été développée. Elle permet d'ajuster le modèle théorique en effectuant une minimisation locale basée sur l'algorithme de Nelder Mead [54]. Il s'agit d'un algorithme d'optimisation non-linéaire qui cherche à minimiser une fonction dans un espace multidimensionnel, en se basant uniquement sur des considérations géométriques. Il est issu de la méthode d'optimisation du simplexe (généralisation du triangle à une dimension quelconque).

Lors des itérations, la méthode du simplexe a la particularité d'améliorer non seulement une solution, mais un ensemble de solutions possibles. À chaque itération, de nouveaux points sont calculés et le plus mauvais point est remplacé par le meilleur des nouveaux points calculés. L'ensemble de points résultants constituent un forme géométrique appelée "polytope". L'algorithme s'arrête lorsque la différence entre le meilleur et le plus mauvais point du polytope devient inférieur à un certain seuil [54].

L'objectif de l'utilisation de cet algorithme d'optimisation est d'obtenir les paramètres optimaux correspondants aux coefficients $a, b, c, d, \omega_0, Q, G$ et ϕ du modèle théorique $Y_T(f_e)$. Ces optima ont pour rôle l'ajustement au modèle physique $Y_m(f_e)$. Un critère J est défini pour minimiser la somme des erreurs quadratiques de la partie réelle et de la partie imaginaire. Les paramètres optimaux sont obtenus par la minimisation du critère J défini par :

$$J = \sum_{m=1}^{n}\left[\Re(Y_m(f_e)) - \Re(Y_T(f_e))\right]^2 + \sum_{m=1}^{n}\left[\Im(Y_m(f_e)) - \Im(Y_T(f_e))\right]^2 \qquad (3.7)$$

avec n est le nombre de mesures.

La Figure 3.4 illustre les étapes de la méthode d'optimisation. Cette méthode permet de réaliser l'ajustement des données expérimentales et d'obtenir les optima à la fréquence f_0.

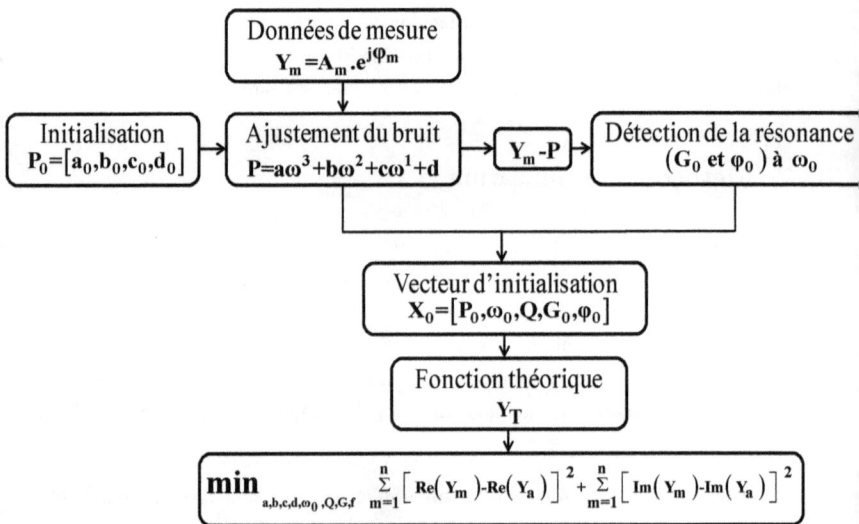

FIGURE 3.4: Organigramme de la méthode d'optimisation.

La première étape consiste à ajuster le bruit environnant en initialisant uniquement les coefficients a, b, c, d du polynôme $P(f_e)$. Cette initialisation est effectuée à l'aide de la méthode des moindres carrés [55]. La Figure 3.5 montre le résultat de l'ajustement de la partie réelle et imaginaire de $Y_m(f_e)$ pour une distance donnée de $d = 1.05$ m.

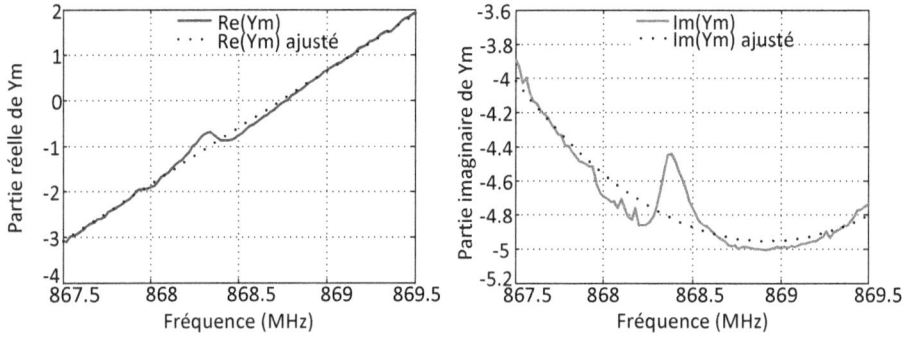

FIGURE 3.5: Ajustement préliminaire du bruit environnant.

L'étape suivante consiste à initialiser les deux paramètres G et ϕ correspondants à la réponse du transpondeur. La différence entre les données théoriques d'ajustement du bruit et les données de mesure permet d'identifier la réponse autour de la fréquence de résonance f_0. Il suffit de chercher le maximum de $\Re(Y_m(f_e)) - \Re(P(f_e))$, afin d'obtenir les paramètres de départ ϕ_0, G_0 et ω_0 (Figure 3.6).

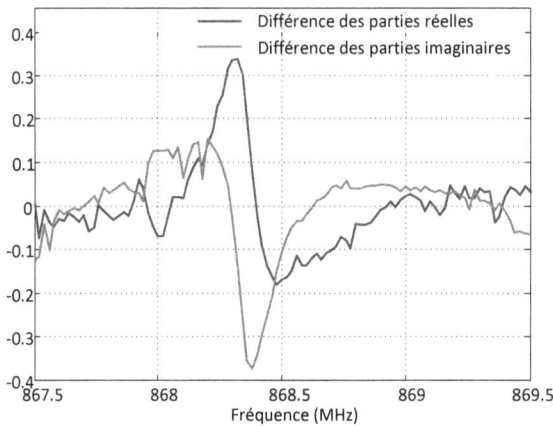

FIGURE 3.6: Détection des paramètres de la résonance.

On initialise alors le coefficient de qualité Q et la pulsation ω_0 en prenant les valeurs préalablement mesurées par un analyseur de réseau dans la Figure 2.24a du chapitre 2.2. Enfin, on détermine le vecteur $X_0 = [P_0, \omega_0, Q, G_0, \phi_0]$ contenant les variables initiales du modèle $Y_T(f_e)$. Ce vecteur de départ est obtenu minutieusement afin de minimiser l'erreur entre la première solution et les données expérimentales. La dernière étape consiste à appliquer l'algorithme de Nelder-Mead dans le but d'obtenir un vecteur X_{opt} composé des optima locaux de chaque variable. Le vecteur $X_{opt} = [P_{opt}, \omega_{opt}, Q_{opt}, G_{opt}, \phi_{opt}]$ permet de s'ajuster aux données expérimentales.

La Figure 3.7 montre dans une représentation polaire l'amplitude et la phase de signaux reçus pour plusieurs distances d_i, ($i = 1...5$), auxquels sont superposés les données du modèle théorique après estimation par la minimisation du critère J pour chacune des distances. L'application de la méthode d'optimisation aux courbes de mesures présentées dans la Figure 3.3 montre que les réponses issues des mesures sont bien approximées. Les courbes optimales issues du modèle théorique tracées en pointillés sont très proches des mesures tracées en trait plein, et cela quelle que soit la distance d_i.

3.2.3   Estimation de la distance

La particularité de la réponse du transpondeur réside dans la présence d'une signature électrique autour de la fréquence de résonance du résonateur SAW. On s'intéresse principalement aux paramètres optimaux qui caractérisent les boucles de résonance générées par le résonateur SAW. À l'aide de la Figure 3.1, la distance d entre le dispositif d'interrogation et le transpondeur peut être estimée à l'aide de l'équation suivante :

$$d_{opt} = \frac{c\phi_{opt}\cos\theta}{4\pi f_{opt}} \tag{3.8}$$

Avec ϕ_{opt} le paramètre optimal qui correspond à la phase du transpondeur pour la fréquence de résonance f_0. Cette fréquence f_0 est aussi estimée par la méthode d'optimisation, le paramètre optimal correspondant est f_{opt}.

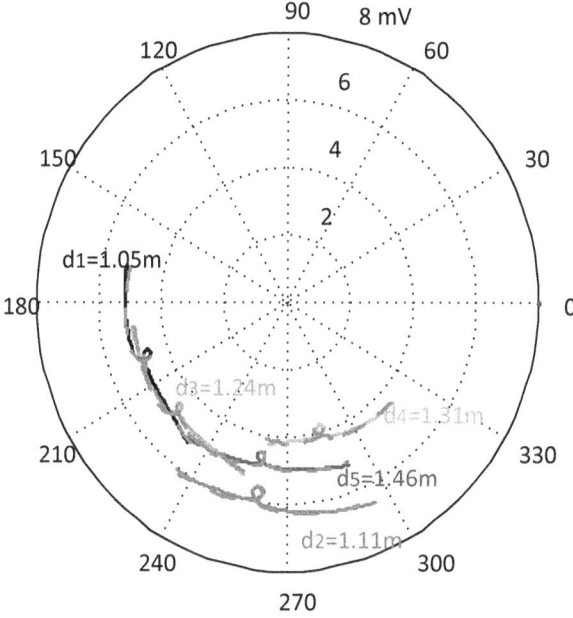

FIGURE 3.7: Résultats de l'application de la méthode d'optimisation aux différentes distances d_i.

La Figure 3.8 montre la fréquence optimale f_{opt} à chaque distance d_i. On constate une faible variation de cette fréquence de résonance du résonateur SAW en fonction de la distance d_i. Par ailleurs, la fréquence f_{opt} ne correspond pas exactement à la fréquence de résonance du résonateur mesurée précédemment $f_0 = 868.3$ MHz (Figure 2.24a). Cette faible variation de l'ordre de 30 kHz, peut être expliquée par des erreurs de mesure.

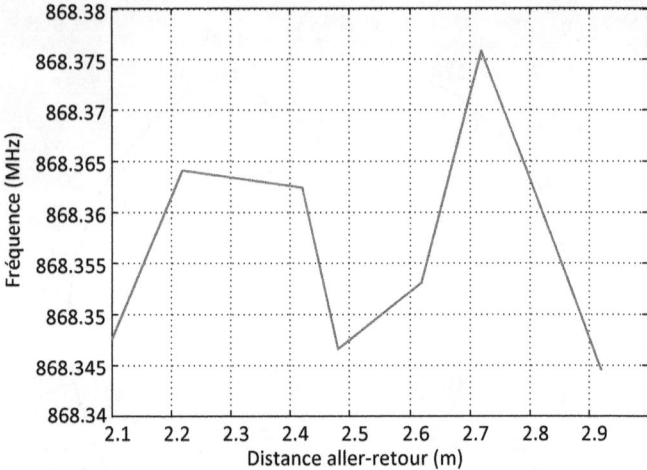

FIGURE 3.8: Fréquences optimales aux différentes distances d_i.

La Figure 3.9a montre une comparaison de la phase optimale ϕ_{opt} à la fréquence f_{opt} en fonction de la distance aller-retour D. Lorsqu'une valeur extrême est atteinte ($+\pi$ ou $-\pi$) une reconstruction de la variation de phase physiquement continue est effectuée par addition ou soustraction de $2\pi n$ ($n \in \mathbb{N}$). Ainsi, après la réalisation de cette opération, on constate que la phase obtenue est proportionnelle à la distance (Figure 3.9b).

La phase obtenue à l'aide de la méthode d'optimisation ne correspond pas à la phase absolue ϕ'_{opt}, car le nombre entier n de l'équation (3.9) n'est pas connu à l'aide de ces paramètres. La distance absolue ne peut donc pas être estimée à l'aide de cette seule méthode. Par la suite, on s'intéressera à la variation de distance à une longueur d'onde près.

$$\phi'_{opt} = \phi_{opt} + 2\pi n \tag{3.9}$$

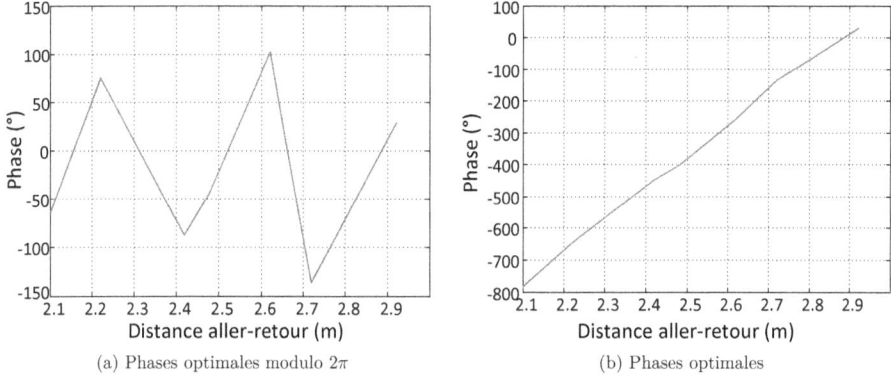

(a) Phases optimales modulo 2π

(b) Phases optimales

FIGURE 3.9: Phases optimales aux différentes distances d_i.

La variation de distance $d_{i+1} - d_i$ peut être déterminée en calculant la variation de phase optimale $\Delta\phi_{opt(i+1,i)}$. À deux positions successives du dispositif d'interrogation, autrement dit à deux distances successives d_i et d_{i+1}, les distances optimales $d_{opt}(i)$ et $d_{opt}(i+1)$ peuvent s'écrire comme suit :

$$\begin{cases} d_{opt}(i) = \dfrac{c\phi_{opt}(i)\cos\theta}{4\pi f_{opt}(i)} \\[3mm] d_{opt}(i+1) = \dfrac{c\phi_{opt}(i+1)\cos\theta}{4\pi f_{opt}(i+1)} \end{cases} \tag{3.10}$$

Où $\phi_{opt}(i)$ et $\phi_{opt}(i+1)$ représentent les phases optimales obtenues respectivement à d_i et d_{i+1}. Les deux termes $f_{opt}(i)$ et $f_{opt}(i+1)$ représentent les fréquences optimales obtenues respectivement à d_i et d_{i+1}.

Pour le calcul de la variation de distance optimale $\Delta d_{opt(i+1,i)}$, on suppose que $f_{opt}(i) = f_{opt}(i+1) = f_0$. Dans ce cas, $\Delta d_{opt(i+1,i)}$ peut s'écrire sous la forme suivante :

$$\Delta d_{opt(i+1,i)} = \frac{c\cos\theta}{4\pi f_0}\Delta\phi_{opt(i+1,i)} \tag{3.11}$$

Afin de spécifier le comportement du transpondeur en fonction de la distance d'interrogation, le système a été caractérisé pour différentes distances d_i variant dans un large intervalle. Pour mesurer des distances $d_i < 0.17$ m, les antennes doivent être proches du transpondeur. Cette configuration introduit un couplage électromagnétique direct très important entre la voie d'émission et de réception, ce qui limite le fonctionnement du système. Lorsque $d > 2$ m, la signature du transpondeur est faible. Ceci est en partie dû au faible gain de l'antenne du transpondeur (dipôle demi-onde). Dans ces deux cas, la méthode d'optimisation ne peut pas être appliquée. Pour cette raison, on présente dans la suite des résultats de mesure obtenus dans l'intervalle $[0.17 \rightarrow 2$ m$]$.

Les méthodes de mesure et d'optimisation ne permettent pas de déterminer la phase de départ, la distance de départ ne peut donc pas être connue. Néanmoins, cette distance de départ d_1 sera supposée connue par la suite. La distance optimale d_{opt} est alors évaluée à l'aide de la méthode d'optimisation et de l'équation (3.11). La Figure 3.10 montre une comparaison entre la distance optimale $d_{opt}(i)$ et la distance réelle d_i. La distance optimale est alors très proche de la distance réelle dans la marge de distance $[0.17 \rightarrow 2$ m$]$. Une erreur de distance de ± 2 cm est obtenue, ce qui représente une très bonne précision.

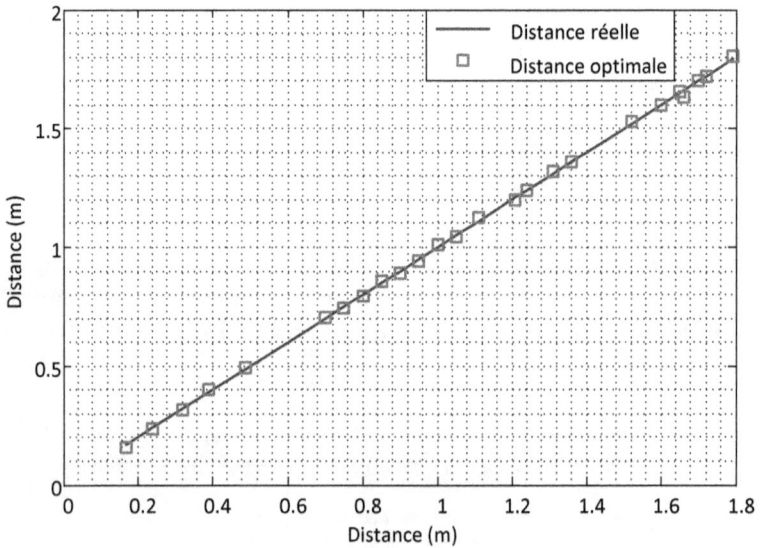

FIGURE 3.10: Comparaison de la distance réelle et optimale.

3.3 Conclusion

Dans ce chapitre, la méthode de mesure et la méthode de traitement de signal ont été décrites dans le but de valider le fonctionnement général du système d'aide à la conduite. La
méthode de mesure est basée sur la détection hétérodyne et permet de valider le principe
d'interaction entre le dispositif d'interrogation et le transpondeur, autrement dit, l'interaction entre le véhicule et l'infrastructure. La détection du transpondeur est effectuée à l'aide
d'un balayage fréquentiel autour de la fréquence de résonance f_0. Les différentes mesures
permettent d'identifier la boucle de résonance caractérisant le comportement du résonateur
à onde acoustique de surface. Quant à la méthode d'optimisation, elle permet d'obtenir les
paramètres optimaux pour l'estimation de la variation de distance d. Ce système offre une
erreur de distance de l'ordre de ± 2 cm.

Chapitre 4

Expérimentation du système d'aide à la conduite

La distance entre le dispositif d'interrogation et le transpondeur est estimée avec une erreur de précision de ± 2 cm. Ce résultat est obtenu dans le cas d'un système caractérisé dans une chambre anéchoïque, c'est-à-dire dans un environnement idéal. Ce chapitre présente une étude expérimentale permettant d'évaluer la robustesse du système développé. Différents bancs de mesure sont caractérisés en présence de quelques éléments supplémentaires ayant des propriétés physiques proches de l'environnement routier. Une étude visant à déterminer la densité des transpondeurs à intégrer dans la chaussée est également réalisée.

4.1 Évaluation de la robustesse du système

4.1.1 Validation du système dans un environnement complexe

L'approche retenue dans le cadre de cette étude est la diversité des environnements que constitue la route. Il est nécessaire de valider le système d'aide à la conduite ainsi que la méthode d'optimisation dans un environnement complexe, qui correspond au véhicule et l'environnement qui l'entoure. Pour cette raison, des éléments perturbateurs sont placés autour du système. Ces éléments ont la propriété de réfléchir les ondes électromagnétiques afin de générer des trajets multiples et des interférences [56]. Des plaques métalliques de différentes dimensions proches de la longueur d'onde de la fréquence émise f_e sont utilisées. Cette condition est nécessaire pour générer des réflexions lorsque l'onde électromagnétique rencontre une surface métallique.

Dans le but d'évaluer l'impact de la présence de parasites sur la chaussée, deux plaques de 25 cm de côté notées 1 et 2 dans la Figure 4.1 ont été positionnées autour du transpondeur. Dans la réalité, le dispositif d'interrogation (antennes d'émission et de réception) est embarqué dans le véhicule sur les cotés du pare-choc par exemple. Pour cela, deux plaques métalliques carrées notées 3 et 4, ayant la même taille que celles notées 1 et 2, sont placées à une distance de 30 cm sur les cotés des deux antennes. Elles sont positionnées obliquement avec un angle d'incidence favorable pour diriger l'onde réfléchie vers le canal de propagation direct. Enfin, pour étudier l'influence de la présence des parasites derrière le dispositif, une plaque métallique rectangulaire notée 5 de taille 20 cm × 30 cm × 0.5 cm est placée à une distance de 30 cm derrière les antennes d'émission et de réception.

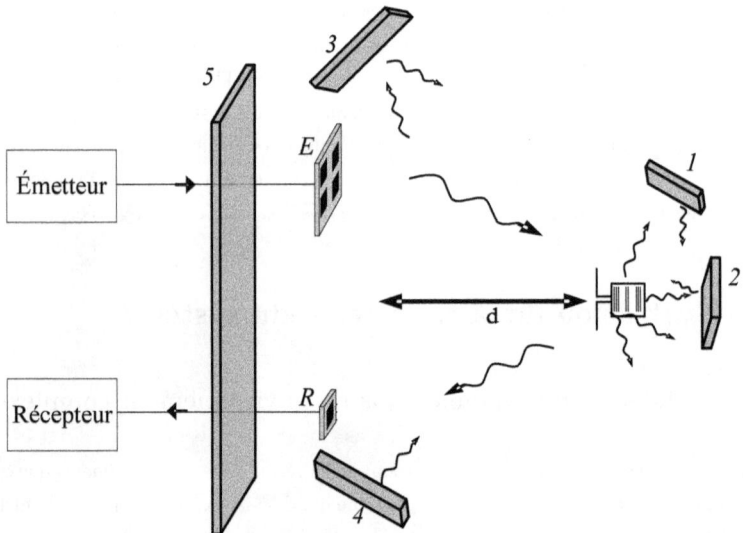

FIGURE 4.1: Illustration de l'environnement complexe.

L'étude de la robustesse de la méthode de mesure et du traitement de signal appliqué est nécessaire pour la validation du système d'aide à la conduite. Pour cette raison, le système complet a été caractérisé dans ce nouvel environnement. La procédure de mesure présentée dans la section 3.1 a été suivie. Ensuite, la méthode d'optimisation présentée dans la section 3.2 a été appliquée. La Figure 4.2 compare la réponse du transpondeur dans les deux environnements sans et avec éléments perturbateurs.

En présence d'éléments perturbateurs, le transpondeur est toujours identifié par une boucle de résonance autour de la fréquence $f_0 = 868.3$MHz, mais il est manifeste que les plaques métalliques ont une grande influence sur l'amplitude et la phase des signaux issus des mesures. En effet, la phase et l'amplitude mesurées varient en fonction de l'environnement de mesure (Figures 4.2a et 4.2b). Par exemple, pour $d_5 = 1.46$ m, la réponse du transpondeur est identifiée par une boucle de résonance déformée. Cette déformation est due aux interférences entre les ondes réfléchies par les éléments perturbateurs et les ondes réfléchies par l'antenne du transpondeur [56].

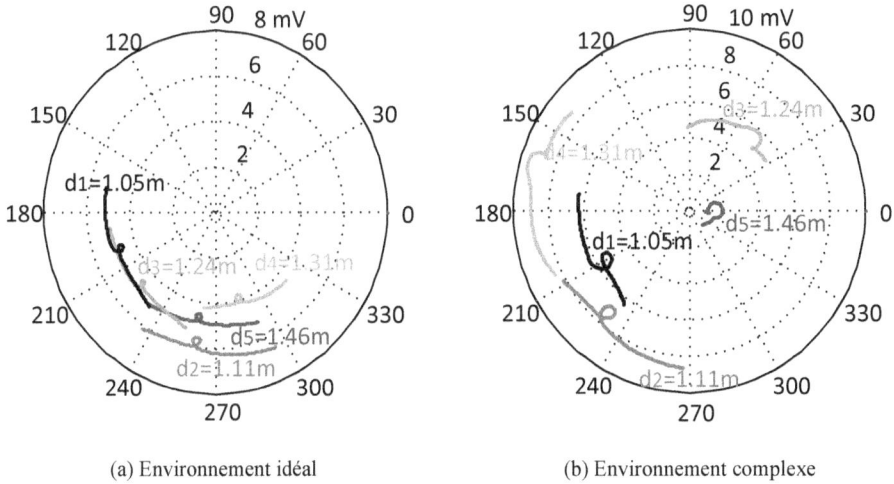

(a) Environnement idéal   (b) Environnement complexe

FIGURE 4.2: Réponses du transpondeur dans les deux environnements pour différentes distance d_i.

La Figure 4.3 illustre les résultats de l'application de la méthode d'optimisation à chaque distance d_i. On constate que les courbes expérimentales sont très bien ajustées, malgré la complexité de la signature du résonateur SAW.

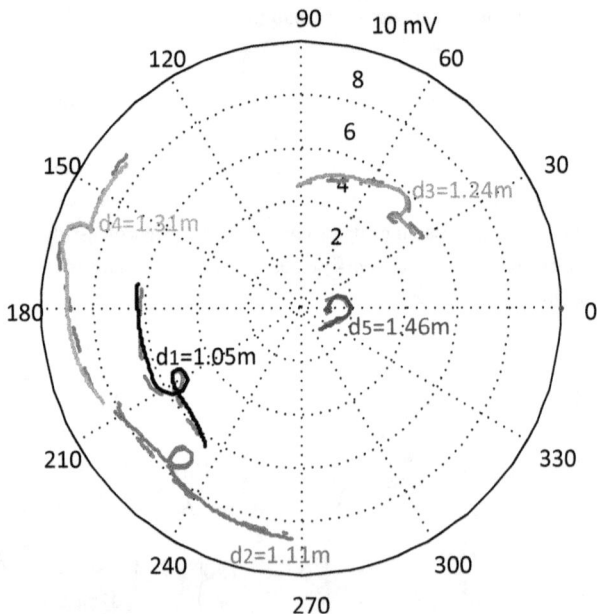

FIGURE 4.3: Résultats de l'application de la méthode d'optimisation dans le cas d'un environnement complexe.

À l'aide de la méthode d'optimisation, la phase optimale ϕ_{opt} à la fréquence de résonance du résonateur est obtenue pour différentes distances d_i. La Figure 4.4 montre une comparaison de la phase optimale ϕ_{opt} obtenue dans les deux environnements en fonction de la distance d'aller-retour D. Lorsqu'une valeur de $+\pi$ ou $-\pi$ est atteinte, la reconstruction de la variation de phase physiquement continue est effectuée par addition ou soustraction de $2\pi n$ ($n \in \mathbb{N}$). Après la réalisation de cette opération, on constate que la phase obtenue est linéaire.

La Figure 4.4a montre une comparaison entre les deux variations de phases optimales $\Delta\phi_{opt(i+1,i)}$ obtenues dans les deux environnements. On constate que les deux variations de phase sont très proches. Ainsi, malgré l'influence importante des parasites métalliques sur la réponse du transpondeur, la méthode d'optimisation permet d'obtenir des paramètres optimaux proches de ceux obtenus en absence de parasites.

La Figure 4.4b montre que les deux phases optimales varient proportionnellement à la distance d_i, ce qui est conforme à l'équation (3.5). En présence de parasites, la phase optimale obtenue est quasiment égale à la phase optimale obtenue dans le cas où l'environnement est idéal.

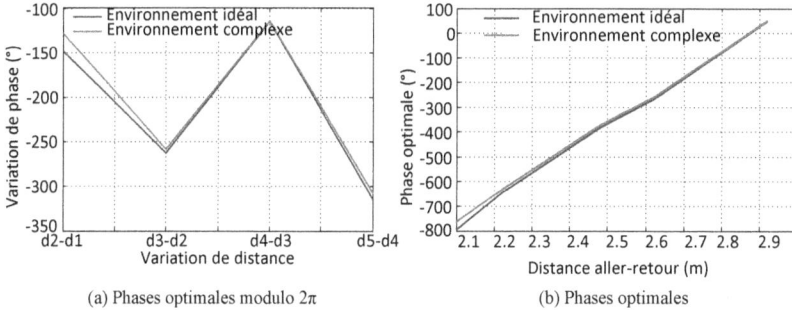

(a) Phases optimales modulo 2π (b) Phases optimales

FIGURE 4.4: Comparaison de la phase optimale dans les deux environnements (idéal et complexe).

À partir de la phase optimale ϕ_{opt} et à l'aide du système d'équations (3.10), la distance d entre le dispositif d'interrogation et le transpondeur est estimée. La Figure 4.5 montre une comparaison de la distance estimée dans les deux environnements (idéal et complexe). On obtient une erreur de distance de ± 2 cm, ce qui montre une stabilité de la méthode d'optimisation en terme de précision même dans un environnement présentant des interférences.

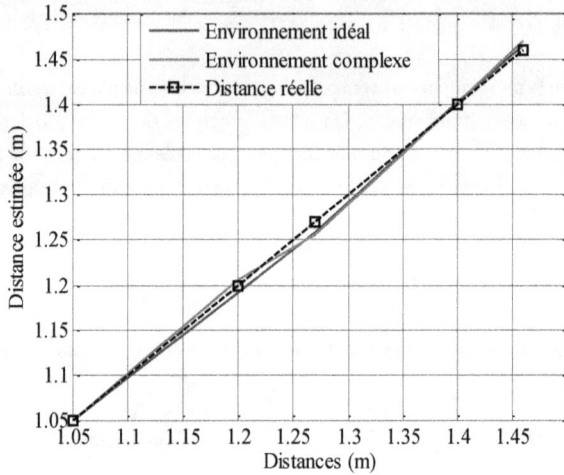

FIGURE 4.5: Comparaison des distances estimées dans les deux environnements (idéal et complexe).

4.1.2   Caractérisation du bitume

Les résultats expérimentaux présentés jusqu'à présent correspondent à des mesures du système d'aide à la conduite dans le cas où le transpondeur est dans l'air. En réalité, le transpondeur sera intégré dans les bandes blanches latérales, il est alors nécessaire d'étudier l'efficacité des méthodes de mesure et d'optimisation en tenant compte des propriétés physiques de la chaussée.

L'élément principal de la chaussée est le béton, qui est un matériau conventionnel utilisé dans la construction des routes. Le béton est un terme générique qui désigne un matériau de construction composite fabriqué à partir de granulats agglomérés par un liant. Ce liant peut être hydrocarboné (bitume), ce qui conduit à la fabrication du béton bitumineux. La connaissance de la permittivité du bitume est indispensable dans le cas de l'utilisation des ondes électromagnétiques. La modélisation de la propagation des ondes dans ce type de matériau repose par conséquent sur la modélisation de la permittivité ε.

La notion de permittivité d'un matériau est liée à des phénomènes de polarisation; il s'agit de la réaction de la matière lors d'une excitation électromagnétique. Les équations (4.1) décrivent la propagation des ondes électromagnétiques et leurs interactions avec un matériau quelconque.

$$\begin{cases} \overrightarrow{D} = \varepsilon \overrightarrow{E} \\ \mathrm{div}(\overrightarrow{B}) = 0 \\ \overrightarrow{J_c} = \sigma \overrightarrow{E} \end{cases} \tag{4.1}$$

Dans ces équations, ε et σ sont respectivement la permittivité et la conductivité électrique du matériau. Les 3 vecteurs $\overrightarrow{D}$, $\overrightarrow{B}$ et $\overrightarrow{J_c}$ représentent respectivement le déplacement électrique, l'induction magnétique et la densité de courant.

Dans les matériaux purement diélectriques, un champ électrique extérieur polarise les porteurs de charges, qui subissent un déplacement par rapport à leur position d'équilibre. Les charges positives se déplacent dans la direction du champ électrique, et les charges négatives dans la direction opposée au champ électrique, ce qui produit une polarisation du diélectrique. La densité des dipôles qui s'alignent dans le champ électrique extérieur peut donc être significative.

La permittivité électrique ε est un paramètre complexe $\varepsilon = \varepsilon' - j\varepsilon''$. La partie réelle désigne la capacité du diélectrique à emmagasiner l'énergie électrique alors que la partie imaginaire représente les pertes diélectriques. Dans le cas d'un matériau homogène et isotrope, le vecteur d'induction $\overrightarrow{D}$ peut s'écrire sous la forme :

$$\overrightarrow{D} = \varepsilon_0 \overrightarrow{E} + \overrightarrow{P} \tag{4.2}$$

Dans l'équation (4.2), ε_0 est la permittivité diélectrique du vide $\left(\varepsilon_0 = 8.85\,10^{-12}\ \mathrm{F/m}\right)$ et $\overrightarrow{P}$ représente le vecteur polarisation, ou le moment dipolaire créé par le déplacement des charges dans le champ électrique appliqué. Pour des champs électriques lentement variables, l'inertie de la matière n'est pas importante et la polarisation est proportionnelle au champ électrique appliqué. À hautes fréquences, le vecteur $\overrightarrow{P}$ suit le champ électrique avec un retard dû à l'inertie de la matière, ce qui produit une phase entre $\overrightarrow{E}$ et $\overrightarrow{P}$ [57]. Dans le cas général, on exprime sous cette forme :

$$\overrightarrow{P} = \alpha\varepsilon_0 \overrightarrow{E_c} \tag{4.3}$$

où α est la constante de polarisabilité moléculaire et $\overrightarrow{E_c}$ est un champ effectif dépendant de la fréquence de l'excitation.

L'équation (4.4) regroupant les équations (4.2) et (4.3) montre que la permittivité dépend de la fréquence et du champ électrique.

$$\varepsilon = \varepsilon_0 \varepsilon_r = \varepsilon_0 \left(1 + \frac{\alpha}{\varepsilon_0} \frac{|E_c|}{|E|} \right) \tag{4.4}$$

où ε_r est la permittivité relative du matériau.

Pour étudier les caractéristiques électriques du béton bitumineux, différentes méthodes de mesure sont utilisées. Parmi les méthodes existantes, on peut citer les techniques en transmission/réflexion, en propagation guidée et en espace libre [58]. L'objectif est la détermination de la constante diélectrique du bitume. La méthode de Nicolsson-Ross et Weir permet par exemple de déterminer la permittivité diélectrique relative ε_r du matériau à partir des paramètres S mesurés [59]. D'après les divers travaux publiés, dans la bande de fréquence UHF, la partie réelle et imaginaire de la permittivité relative ε_r du bitume sont quasi-constantes avec une moyenne de 2.5 pour la partie réelle et 0.007 pour la partie imaginaire [60].

Un nouveau transpondeur a été développé en tenant compte de la permittivité du matériau sur lequel il est placé. La longueur d'onde λ_{bitume} qui correspond à $f_0 = 868.3$ MHz s'exprime comme suit :

$$\lambda_{bitume} = \frac{c}{f_0 \sqrt{\varepsilon_r}} = \frac{\lambda_0}{\sqrt{\varepsilon_r}}$$

où λ_0 est la longueur d'onde dans le vide ($\lambda_0 = 34.55$ cm).

Si l'antenne dipôle demi-onde du transpondeur était entièrement noyée dans le bitume, sa taille deviendrait donc $0.63\lambda_0/2 = 10.9$ cm. Cette valeur est approximative car le béton bitumineux utilisé se compose d'air et de granulats. De plus, le transpondeur est posé sur la route, donc en plus du bitume, l'influence de l'air qui est au dessus de la route n'est pas négligeable. La permittivité relative réelle doit donc prendre en considération l'inhomogénéité du matériau. En mesure, différentes antennes dipôle demi-onde avec des tailles proches de $\lambda_{bitume}/2$ ont été caractérisées dans une chambre anéchoïque, dans le but d'obtenir l'antenne accordée à la bonne fréquence f_0. En conséquence, la taille optimale de l'antenne du transpondeur placée sur le bitume est de 14 cm. Elle est différente de la longueur théorique $\lambda_{bitume}/2$, ceci est dû principalement à la présence de l'air au dessus du bitume.

Un transpondeur composé de cette antenne dipôle demi-onde de 14 cm et d'un résonateur SAW, est caractérisé dans la chambre anéchoïque en appliquant la procédure de mesure décrite dans la section 3.1. D'après les résultats de mesure présentés dans l'annexe 4.3, on a constaté l'apparition des boucles de résonance autour de f_0. En appliquant la méthode d'optimisation, l'erreur de précision de la distance estimée d_{opt} reste constante, soit de l'ordre de ± 2 cm.

4.2 Détermination de la densité des transpondeurs

4.2.1 Efficacité de la détection en présence d'un seul transpondeur

L'estimation des paramètres du canal de propagation joue un rôle majeur dans les systèmes de communication. Dans notre cas, elle permet d'optimiser la fiabilité de l'interaction entre le dispositif d'interrogation et le transpondeur. Cette interaction dépend de l'emplacement du transpondeur par rapport aux antennes d'émission et de réception. Autrement dit, elle dépend du gain des deux antennes ainsi que du gain de l'antenne demi-onde du transpondeur. Lors de l'interrogation d'un transpondeur placé à une position quelconque, ce dernier reçoit une puissance $P_{r(transpondeur)}$, donnée par l'équation de FRIIS (4.5) :

$$P_{r(transpondeur)} = P_e . G_e . G_{transpondeur} \left(\frac{\lambda}{4\pi d} \right)^2 \tag{4.5}$$

avec P_e et G_e représentent respectivement la puissance émise par l'antenne d'émission et son gain, et $G_{transpondeur}$ représente le gain de l'antenne du transpondeur,

Le transpondeur réémet une puissance $P_{e(transpondeur)}$ qui est proportionnelle au rendement η_{SAW} du résonateur SAW. Ainsi, l'antenne de réception de gain G_r capte une puissance P_r, donnée par l'équation suivante :

$$P_r = P_{e(transpondeur)} . G_{transpondeur} . G_r \left(\frac{\lambda}{4\pi d} \right)^2$$

avec $P_{e(transpondeur)} = \eta_{SAW} . P_{r(transpondeur)}$, on obtient :

$$P_r = \eta_{SAW} . P_e . G_e . G_r . G_{transpondeur}^2 \left(\frac{\lambda}{4\pi d} \right)^4 \tag{4.6}$$

L'équation (4.6) montre que le signal reçu par l'antenne de réception dépend fortement des gains des antennes d'émission et de réception et du gain de l'antenne demi-onde. D'après les deux Figures 2.9 et 2.13 du chapitre 2.2, les gains mesurés des deux antennes sur les deux plans E et H varient en fonction des angles θ et ϕ. Chaque position du transpondeur par rapport au dispositif d'interrogation correspond à un bilan de puissance donné. Pour évaluer convenablement l'interaction, le transpondeur à onde acoustique de surface est placé à plusieurs positions successives $y_{i=0,1,2,3}$ suivant l'axe Y. Chaque position y_i correspond à un angle d'incidence θ_i qui représente la direction d'arrivée de l'onde électromagnétique émise. On note que dans un premier temps, le transpondeur est placé à la position y_0, ce qui est équivalent à une distance de 1.15 m entre l'antenne d'émission et le transpondeur. La Figure 4.6 illustre le banc de mesure réalisé.

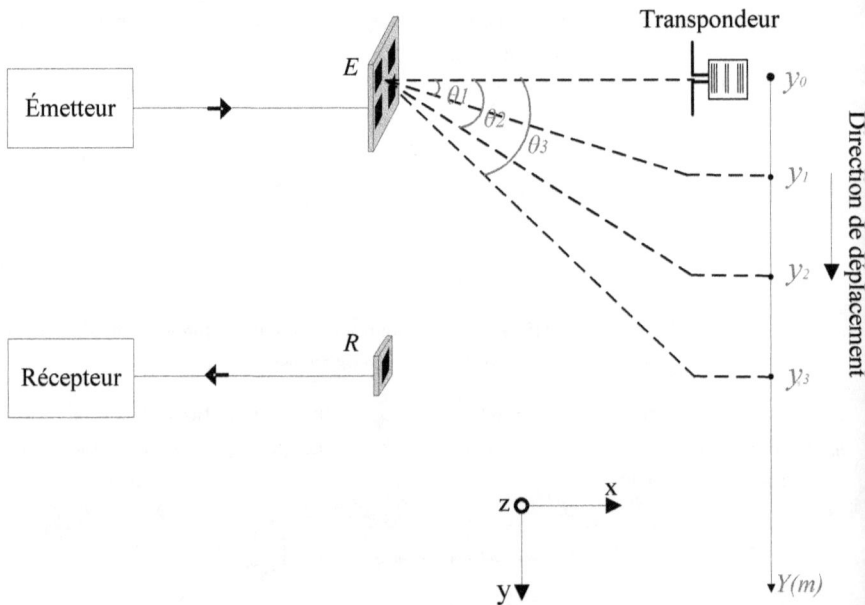

FIGURE 4.6: Déplacement latéral du transpondeur $(y_0\,(0,0)\,;\,y_1\,(0,0.5)\,;\,y_2\,(0,0.8)\,;\,y_3\,(0,1))$.

L'identification de la réponse du transpondeur SAW est possible si le transpondeur est interrogé efficacement. L'ouverture à -3 dB de l'antenne d'émission est un paramètre essentiel à prendre en considération. On rappelle que les deux ouvertures sur les deux plans E et H sont égales ($\theta_E = \theta_H = 55°$). Alors, la première condition nécessaire pour une interrogation favorable du transpondeur s'écrit :

$$\theta_i < \frac{\theta_E}{2} \qquad (4.7)$$

L'angle $\theta_E/2$ qu'on nommé θ_{seuil}, représente approximativement les positions privilégiées pour une détection sûre du transpondeur. La Figure 4.7 montre une représentation polaire de l'amplitude et de la phase du signal résultant pour chaque position y_i correspondant à un angle θ_i. Les différentes réponses du transpondeur varient d'une position à l'autre, ceci s'explique par la variation du bilan de puissance en fonction de la position y_i. La réponse est mieux identifiée dans le cas où le transpondeur est positionné à y_0 ce qui correspond à un angle $0°$. Ceci s'explique par la directivité de l'antenne d'émission qui est maximale à l'angle $0°$. D'après le diagramme de rayonnement de l'antenne d'émission (Figure 2.9), le gain de l'antenne diminue lorsque l'angle θ augmente. Cette propriété explique bien la détection de plus en plus difficile de la signature du transpondeur lorsque la condition (4.7) n'est pas respectée. En effet, lorsque le transpondeur est placé à y_3 ou à y_4, la boucle de résonance n'apparait pas. Dans ce cas, la méthode d'optimisation atteint sa limite de fonctionnement.

Cette étude permet de déterminer la distance inter-transpondeurs optimale e_{opt} pour une distance donnée et dans le cas où la condition (4.7) est respectée. Dans ce cas, la distance inter-transpondeurs optimale e_{opt} est de $2y_1 = 1$ m. Néanmoins, ceci n'est vrai que pour la configuration décrite sur la Figure 4.6. En effet, lorsque la distance entre le véhicule et la bande blanche latérale diminue, l'angle d'incidence θ_i augmente, ce qui se traduit par une détection difficile du transpondeur. La Figure 4.8 montre que la réponse du transpondeur placé à la position y_2, devient de plus en plus difficile à identifier lorsque la distance d_i diminue.

La diminution de la distance inter-transpondeurs peut être une solution pour une détection plus sûre lorsque le véhicule s'approche de la bande blanche latérale. Dans cette condition, le coût de production et d'installation augmente. L'évaluation de la distance inter-transpondeurs optimale e_{opt} dépend alors du coût et de la qualité de la détection.

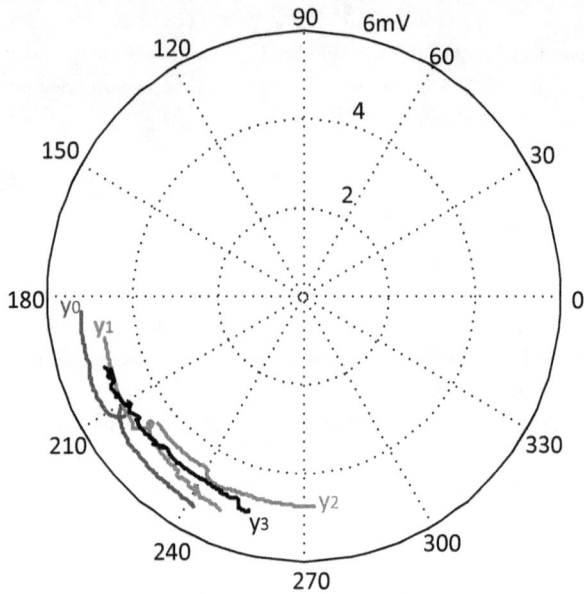

FIGURE 4.7: Amplitude et phase du signal résultant pour chaque position y_i du transpondeur $(y_0 (0,0) ; y_1 (0,0.5) ; y_2 (0,0.8) ; y_3 (0,1))$.

4.2.2   Efficacité de la détection en présence d'un réseau de deux transpondeurs

4.2.2.1   Influence mutuelle entre les transpondeurs

Le système d'aide à la conduite permet d'assurer une coopération entre le dispositif embarqué dans le véhicule et le transpondeur intégré dans les bandes blanches latérales. Pour cela, la détermination de la position latérale du véhicule sur la chaussée en temps réel est nécessaire. Pour cette raison, plusieurs transpondeurs seront intégrés le long de la route sous les bandes blanches latérales. Néanmoins, la présence de nombreux transpondeurs alignés peut avoir un impact sur la qualité de détection. Cet impact est évalué lorsque deux transpondeurs

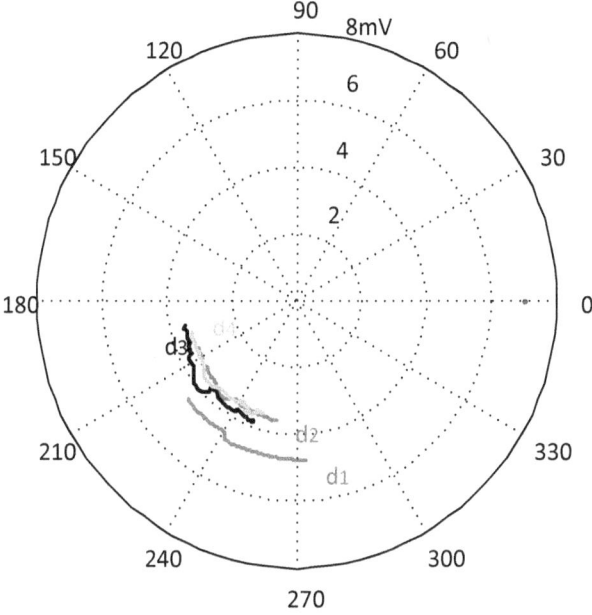

FIGURE 4.8: Amplitude et phase du signal résultant du transpondeur placé à y_2 pour les distances $d_1 = 1.15$ m, $d_2 = 1$ m, $d_3 = 0.8$ m et $d_4 = 0.79$ m.

identiques T_1 et T_2 sont alignés suivant Y. Ceci est illustré sur la Figure 4.9. Le transpondeur T_1 est placé à une position fixe $y_0(T_1)$, ce qui est équivalent à une distance de 1.15 m entre l'antenne d'émission et le transpondeur. Quant au transpondeur T_2, il est placé dans un premier temps à la position $y_1(T_2)$, ensuite il subit un déplacement suivant l'axe Y.

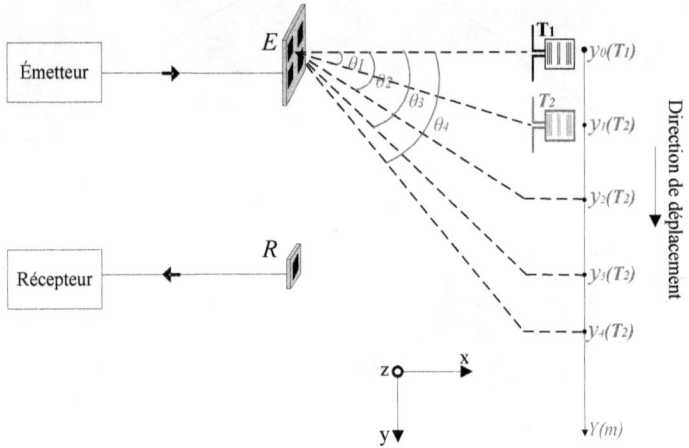

FIGURE 4.9: Configuration du dispositif de mesure avec deux transpondeurs alignées T_1 (fixe) et T_2 (mobile) $(y_1 (T_2) (0, 0.5) ; y_2 (T_2) (0, 0.8) ; y_3 (T_2) (0, 1) ; y_4 (T_2) (0, 1.3))$

Différentes mesures sont effectuées en chambre anéchoïque dans le but d'illustrer l'influence mutuelle entre les transpondeurs. Le réseau (T_1, T_2) est caractérisé suivant trois étapes dont la position du transpondeur T_2 est la seule variable.

– Caractérisation du transpondeur T_1 placé à $y_0 (T_1)$ en l'absence de T_2.

– Caractérisation du transpondeur T_2 placé à $y_i (T_2)$ en l'absence de T_1 avec $i = 1, 2, 3, 4$.

– Caractérisation du réseau des deux transpondeurs T_1 et T_2 placés respectivement à $y_0 (T_1)$ et $y_i (T_2)$.

La Figure 4.10 représente une configuration polaire de l'amplitude et de la phase en fonction de la fréquence. Chaque graphe contient 3 courbes de mesures correspondants aux 3 étapes de caractérisation décrites ci-dessus. La Figure 4.10a illustre les 3 courbes de mesures en présence respectivement du transpondeur T_1 seul placé à $y_0 (T_1)$, du transpondeur T_2 seul placé à $y_1 (T_2)$ et en présence des deux transpondeurs T_1 et T_2 placés respectivement aux positions $y_0 (T_1)$ et $y_1 (T_2)$. Les trois autres Figures 4.10b, 4.10c et 4.10d montrent les résultats expérimentaux lorsque le transpondeur T_2 est placé respectivement à $y_2(T_2)$, $y_3(T_2)$ et à $y_4(T_2)$.

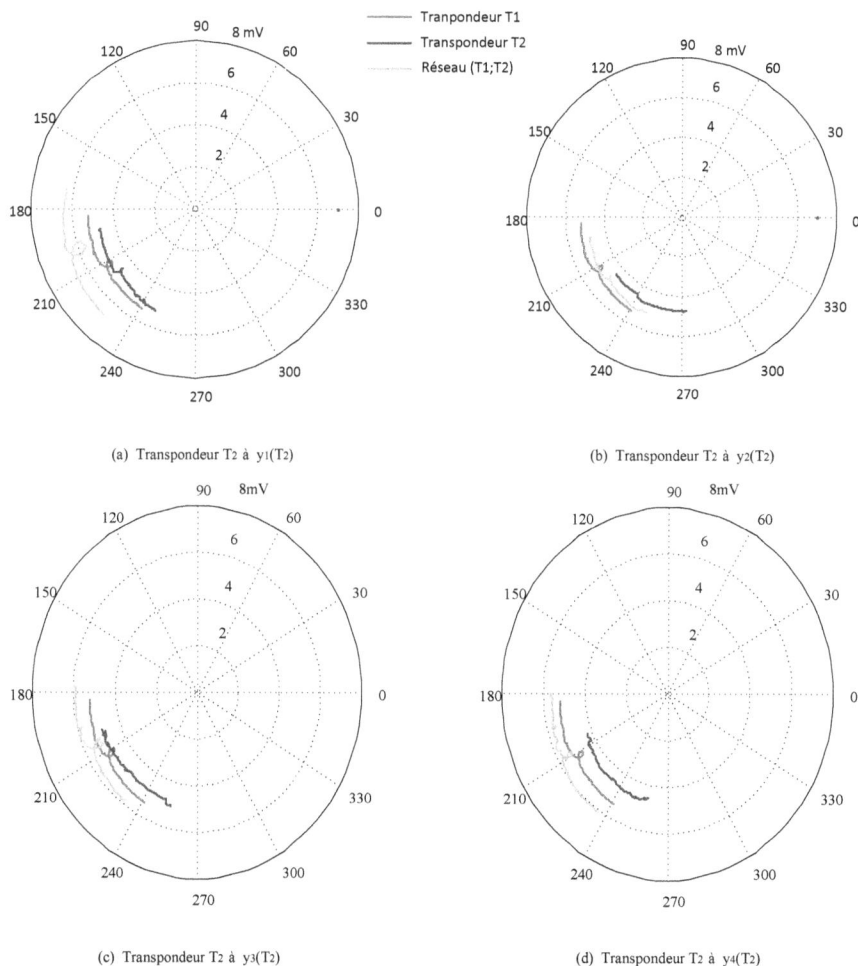

(a) Transpondeur T₂ à y₁(T₂)

(b) Transpondeur T₂ à y₂(T₂)

(c) Transpondeur T₂ à y₃(T₂)

(d) Transpondeur T₂ à y₄(T₂)

FIGURE 4.10: Illustration de l'influence mutuelle entre transpondeurs dans le cas où le transpondeur T_1 est placé à $y_0(T_1)$ et le transpondeur T_2 est placé à $y_i(T_1)$; $i = 1, 2, 3, 4$.

D'après la réponse du transpondeur T_2, on retrouve le comportement du décalage latéral du transpondeur vu précédemment. La boucle de résonance disparait en effet lorsque l'angle d'incidence θ_i augmente. Lorsque le transpondeur T_1 est placé à la direction privilégiée de l'antenne d'émission et que la position du transpondeur T_2 respecte la condition (4.7), les deux transpondeurs sont interrogés efficacement par l'antenne d'émission ce qui se traduit par l'apparition des boucles de résonance (Figure 4.10a et 4.10b). Lors de la caractérisation du réseau (T_1, T_2), on constate une différence entre l'amplitude et la phase mesurées en présence du réseau (T_1, T_2) et celles mesurées en présence uniquement de T_1 ou uniquement de T_2. Ceci est dû à la superposition des ondes réfléchies respectivement par les deux transpondeurs T_1 et T_2 : c'est un phénomène d'interférence [56]. Cette différence est due aussi aux interactions électromagnétiques entre les deux transpondeurs qui modifient les comportements électromagnétiques des deux antennes qui constituent les transpondeurs : c'est le phénomène du couplage mutuel [61]. Ces deux phénomènes sont particulièrement importants lorsque les deux transpondeurs sont proches. En revanche, lorsque la distance inter-transpondeurs augmente, le transpondeur T_2 devient difficilement identifiable, dans ce cas les réflexions par le transpondeur T_2 sont moins importantes en terme d'amplitude que les réflexions par T_1. Ceci explique la similitude de la courbe issue du réseau (T_1, T_2) et la courbe issue du transpondeur T_1 seul à une précision près (Figure 4.10d). Cette précision dépend de l'erreur issue de la répétition des mesures qui est de l'ordre de $\pm 5°$ pour la phase et ± 0.7 mV pour l'amplitude crête à crête.

4.2.2.2   Estimation de la distance

L'estimation de la distance séparant le véhicule de la bande latérale blanche dépend de l'emplacement des transpondeurs et de l'écart ℓ séparant les deux antennes d'émission et de réception. Avant de présenter les résultats des distances estimées pour différentes positions des transpondeurs, il convient de déterminer théoriquement la distance parcourue par les ondes électromagnétiques allant de l'antenne d'émission à l'antenne de réception. La Figure 4.11 illustre les différentes distances $D_{y_{j=0},...}$ parcourues par les ondes pour chaque position du transpondeur suivant l'axe des abscisses Y.

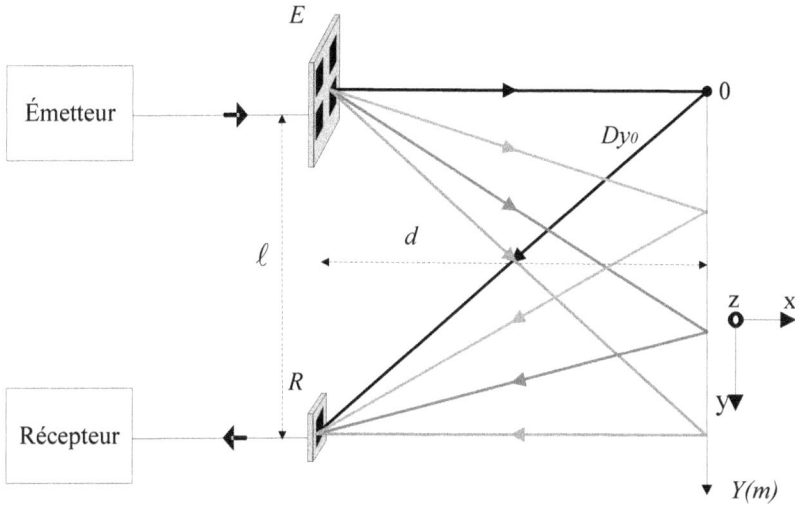

FIGURE 4.11: Illustration des distances aller-retour pour différentes positions y_i du transpondeur.

Lorsque le transpondeur est placé par exemple à la position 0, la distance d'aller-retour D_{y_0} s'écrit :

$$D_{y_0} = \sqrt{\ell^2 + d^2} + d \tag{4.8}$$

où ℓ correspond à l'écart entre les deux antennes d'émission et de réception. Dans le cas général où le transpondeur est placé aux positions y_j suivant l'axe Y, la distance d'aller-retour s'écrit :

$$D_{y_j} = \sqrt{(\ell - y_j)^2 + d^2} + \sqrt{y_j^2 + d^2} \tag{4.9}$$

D'après l'équation (4.9), l'écart ℓ entre les deux antennes d'émission et de réception modifie considérablement la distance parcourue par les ondes. Les distances D_{y_j} sont tracées sur la Figure 4.12 en fonction de la position y_j du transpondeur et pour différents écarts ℓ. On constate que dans une configuration monostatique où une seule antenne est utilisée pour l'émission et la réception ($\ell = 0$), la distance D_{y_j} varie rapidement suivant l'axe des abscisses

y. Ce qui se traduit par une estimation difficile de la distance d en présence de deux transpondeurs proches. La configuration bistatique où l'antenne d'émission et de réception sont séparées ($\ell \neq 0$) est donc privilégiée.

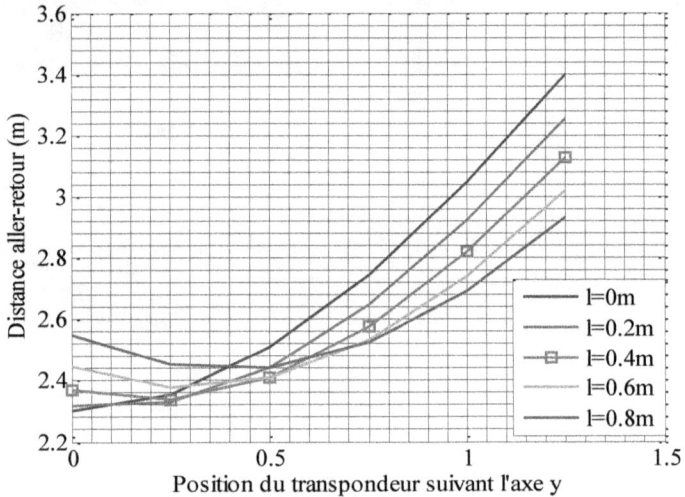

FIGURE 4.12: Évolution de la distance aller-retour D_{y_j} en fonction de la position du transpondeur pour différents écarts ℓ ($d = 1.15$ m).

Dans le cas d'une configuration bistatique, et pour un écart $\ell = 40$ cm, on note ainsi une faible variation de l'ordre de 3 cm de la distance D_{y_j} dans l'intervalle $[0 \rightarrow 50$ cm] des abscisses y. À noter que la distance d est fixée à 1.15 m. Pour des distances inter-transpondeurs supérieures à 50 cm, on constate une variation rapide de la distance aller retour D_{y_j}. Dans ce cas, l'estimation de la distance concernée avec une précision suffisante peut être difficile à réaliser. Néanmoins, comme le montre les Figures 4.10b, 4.10c et 4.10d, lorsque le transpondeur est placé aux positions $y_2 (T_2)$, $y_3 (T_2)$ ou $y_4 (T_2)$, la boucle de résonance disparait et dans ce cas l'identification du transpondeur devient difficile.

Une étude expérimentale a été réalisée en chambre anéchoïque dont l'objectif est d'estimer la distance séparant le dispositif d'interrogation des transpondeurs. Le réseau composé de deux transpondeurs T_1 et T_2 est caractérisé en variant la position du transpondeur T_2 et en variant cette fois la distance d_i entre le dispositif d'interrogation et le transpondeur T_1 (Figure 4.9). Les deux transpondeurs T_1 et T_2 sont placés respectivement à $y_0(T_1)$ et $y_i(T_2)$ ($i = 1, 2, 3, 4$). Ensuite, les résultats des mesures sont traités en appliquant la méthode d'optimisation. La Figure 4.13 montre les résultats de mesure pour les différentes distances inter-transpondeurs 0.5 m, 0.8 m, 1 m et 1.3 m et à différentes distances $d_1 = 1.15$ m, $d_2 = 1$ m, $d_3 = 0.8$ m et $d_4 = 0.79$ m. On constate que quels que soient la distance d_i et l'emplacement du réseau (T_1, T_2), la boucle de résonance est identifiée autour de la fréquence de résonance du résonateur SAW. À l'aide de l'application de la méthode d'optimisation décrite dans la section 3.2, les résultats de mesures sont parfaitement ajustées (courbes en rouge pointillée).

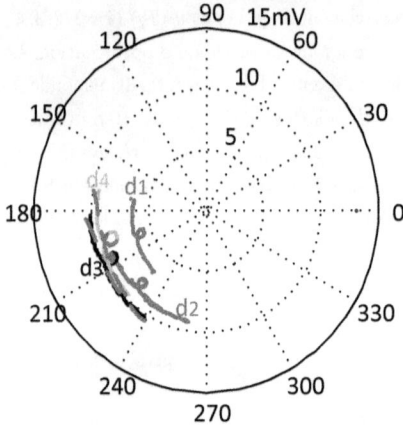

(a) Distance inter-transpondeurs 0.5m

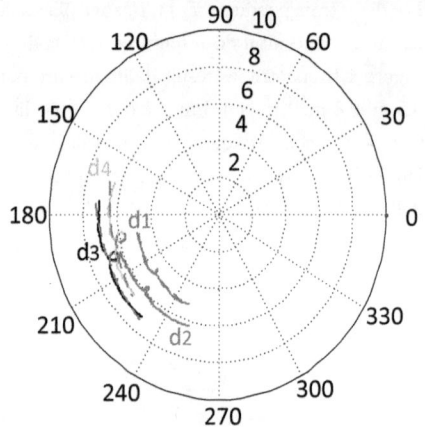

(b) Distance inter-transpondeurs 0.8m

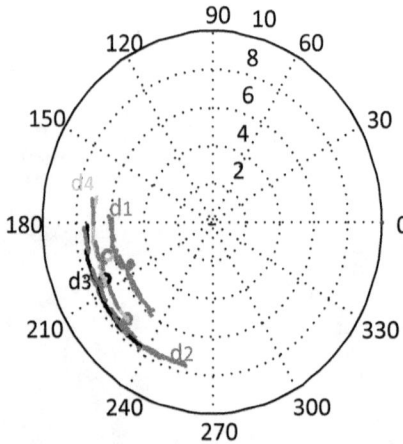

(c) Distance inter-transpondeurs 1m

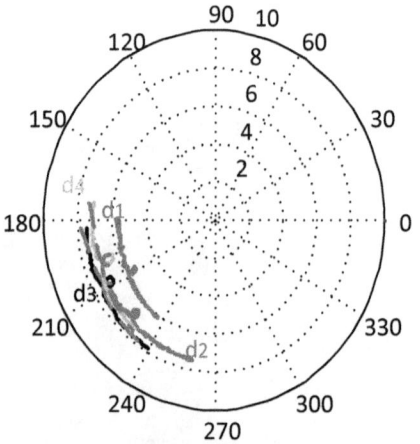

(d) Distance inter-transpondeurs 1.3m

FIGURE 4.13: Résultats de l'application de la méthode d'optimisation aux résultats de mesures en présence du réseau de transpondeurs (T_1, T_2).

À l'aide de la méthode d'optimisation, la phase optimale est obtenue autour de $f_0 = 868.3$ MHz. Ensuite, la distance d_i est obtenue en utilisant le calcul décrit dans la section 3.2.3. La Figure 4.14 montre une comparaison entre la distance réelle et les distances estimées en présence du réseau des deux transpondeurs pour les différentes distances inter-transpondeurs. L'estimation de la distance d_i est obtenue avec une erreur de précision constante qui est de l'ordre de ± 3 cm

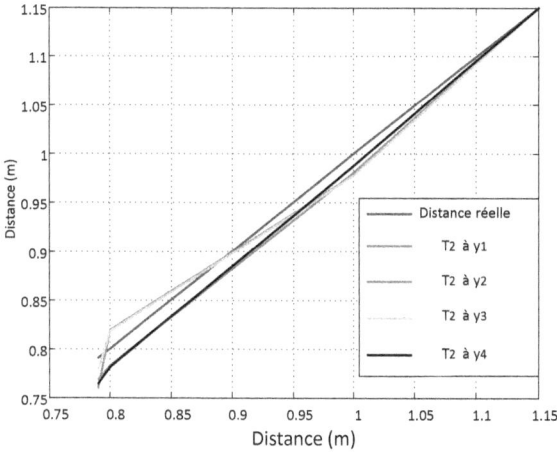

FIGURE 4.14: Comparaison des distances estimées en fonction de l'emplacement de deux transpondeurs ($\ell = 0.4$ m).

Pour un écart de 40 cm entre l'antenne d'émission et de réception, l'algorithme proposé permet de déterminer la distance du véhicule par rapport au bord de la route avec une précision meilleure que 3 cm. De plus, ce résultat est obtenu sans connaitre au préalable la position des transpondeurs par rapport au véhicule.

4.3   Conclusion

Ce chapitre présente les résultats expérimentaux permettant l'étude de la robustesse du système d'aide à la conduite. La détection du transpondeur est efficace quel que soit l'environnement de mesure (idéal ou complexe). Ce système offre des résultats favorables en terme de précision sur la distance estimée dans les deux environnements. L'étude du comportement du transpondeur en fonction des propriétés du bitume a été effectuée. En présence du bitume, l'identification du transpondeur est établie en accordant l'antenne demi-onde du transpondeur. Par ailleurs, dans le but de valider le principe de l'interaction entre le dispositif d'interrogation et le transpondeur, différents bancs de mesure ont été présentés. Enfin, une étude expérimentale est présentée dans le but d'illustrer l'influence mutuelle entre deux transpondeurs alignés sur le même axe.

En conclusion, l'efficacité de l'interaction entre le dispositif d'interrogation et le transpondeur, la faible influence mutuelle entre les transpondeurs et le faible coût de production et d'installation offrent des conditions adéquates pour la détermination de la distance inter-transpondeurs optimale. En tenant compte de ces conditions, la distance inter-transpondeurs de 1 m semble un bon compromis.

Conclusion générale

Les travaux présentés dans ce mémoire sont des contributions à l'élaboration d'un système d'aide à la conduite. L'objectif d'un tel système est la prévention ou l'évitement d'une situation potentiellement dangereuse tel que les sorties de route involontaires.

La perte de contrôle du véhicule est une cause importante d'accidents. Aussi la prévention et l'évitement d'un dépassement des bandes blanches latérales nécessite l'estimation de la distance entre le véhicule et la bande blanche. Cette estimation permet en effet de prédire une sortie de route possible et ainsi d'informer au plutôt les systèmes de décision automatique ou de contrôler le danger afin qu'il puisse être évité.

Dans le chapitre 1, nous avons présenté un état de l'art sur les systèmes existants dans les véhicules intelligents. Trois types de systèmes ont été décrits : les systèmes autonomes, les systèmes de géolocalisation et les systèmes coopératifs. Tous ces systèmes permettent de résoudre la problématique liée au contrôle et à la localisation du véhicule sur la route. Cependant, les systèmes autonomes souffrent d'un défaut de fonctionnement en situations dangereuses, par exemple en présence de brouillard, de neige ou de fortes pluies. Quant aux systèmes de géolocalisation, leur précision est insuffisante et la garantie d'une estimation n'est pas acquise, par exemple dans les tunnels. En revanche, les systèmes coopératifs peuvent contourner ce problème mais ils sont coûteux en installation ou peu sensibles.

Dans le chapitre 2, nous avons présenté une nouvelle approche exploitant le principe de l'interaction entre le véhicule et l'infrastructure. Une attention particulière a été apportée pour simplifier le système et sa procédure d'installation afin qu'il soit sensible et peu coûteux. Il s'agit d'une approche semi-active dans laquelle un système de communication embarqué dans le véhicule interroge un transpondeur passif intégré dans les bandes latérales blanches. Les coûts sont alors réduits car les transpondeurs sont eux mêmes peu coûteux et leur installation est simple et ne nécessite aucune modification de la chaussée. Ainsi, la sensibilité est augmentée par l'approche active de la détection. Une description globale des différents éléments du système d'aide à la conduite permettant de valider cette interaction a été présentée. Une étude analytique et expérimentale a été présentée dans le but de concevoir les antennes d'émission et de réception qui sont utilisées dans le dispositif d'interrogation du transpondeur. La technologie planaire utilisée pour la réalisation de ces antennes est bien adaptée aux spécifications du système notamment pour l'intégration dans le véhicule et la simplicité de fabrication. Ensuite, une étude analytique et expérimentale a été menée pour valider le principe de l'interaction entre ces antennes et le transpondeur. Ce transpondeur est composé d'un résonateur à onde acoustique de surface fonctionnant à la fréquence $f_0 = 868.3$ MHz et d'une antenne passive adaptée autour de cette fréquence. Ce choix permet de réaliser une identification efficace du transpondeur à l'aide de son coefficient de qualité élevé.

Le chapitre 3 est consacré à l'étude expérimentale dont l'objectif est l'estimation modulo λ de la distance séparant le dispositif d'interrogation et le transpondeur. Dans ce cadre, nous avons décrit le système d'aide à la conduite qui est constitué d'un émetteur, d'un récepteur et du transpondeur. La procédure de mesure est basée sur une réception hétérodyne permettant de réaliser un mélange de fréquence pour convertir le signal reçu par l'antenne de réception en une fréquence intermédiaire plus basse. À l'aide d'un balayage fréquentiel autour de la fréquence f_0, la réponse du transpondeur est identifiée par une boucle de résonance autour de cette fréquence de résonance du résonateur SAW. Ensuite, une méthode d'optimisation capable d'ajuster un modèle théorique en effectuant une minimisation locale basée sur l'algorithme de Nelder Mead a été présentée. Le modèle théorique prend en compte l'estimation du bruit à l'aide d'un polynôme et la réponse d'un filtre résonnant. La prise en compte du bruit environnant permet une estimation précise de la phase. Ainsi, cette méthode fournit la phase optimale et permet d'estimer la distance d modulo λ séparant le dispositif d'interrogation du transpondeur. L'application de cette méthode d'optimisation a permis d'obtenir une précision sur la distance de l'ordre de ± 2 cm.

Dans le chapitre 4, nous avons dans un premier temps présenté les résultats de mesures permettant de valider la robustesse du système développé dans un environnement proche de l'environnement routier. Ce système a été placé dans des conditions de mesures défavorables introduisant des éléments perturbateurs autour du système. L'analyse de ces résultats montre que l'efficacité du système est maintenue avec des performances quasiment inchangées par les perturbateurs. La présence de multiples transpondeurs et de leurs interactions a également été étudiée. Cette étude a permis d'évaluer l'efficacité de l'interaction entre le dispositif d'interrogation et le transpondeur en fonction de l'emplacement de ce dernier, et d'estimer une distance inter-transpondeurs de 1 m environ. Cette estimation tient compte de plusieurs paramètres notamment l'identification sûre du transpondeur ainsi que de son faible coût de production et d'installation.

L'ensemble de ce travail a permis de valider la technologie proposée. Néanmoins, de nombreux points doivent être étudiés avant d'intégrer cette technologie dans un véhicule. Bien que sortant du cadre de ce travail, nous trouverons ci-après une description des points essentiels pour la suite.

Perspectives

Un système d'aide à la conduite doit fonctionner dans tous les environnements et sous toutes les conditions climatiques. Sachant l'influence de la permittivité au voisinage du transpondeur, il est intéressant d'estimer l'influence de l'eau. Par ailleurs, l'estimation de la distance absolue est nécessaire. Ces deux aspects sont étudiés d'une manière préliminaire dans les sections suivantes.

Influence de l'eau

Dans la section 4.1.2, il a été montré que le transpondeur change de comportement en fonction du matériau présent dans son voisinage immédiat. L'identification d'un transpondeur placé sur du béton bitumineux est effectuée en modifiant la taille de l'antenne demi-onde du transpondeur. La taille de cette antenne dépend que de la permittivité relative du matériau utilisé. En présence de pluie, l'identification du transpondeur est conditionnée par les propriétés physiques de l'eau. Il est alors nécessaire de connaitre les caractéristiques diélectriques de l'eau.

Une propriété très importante de l'eau est sa nature polaire. La molécule d'eau se développe sous la forme d'un triangle isocèle dont l'atome d'oxygène est le sommet du triangle. Puisque l'oxygène est plus électronégatif que l'hydrogène, l'atome d'oxygène attire d'avantage les électrons et il se crée ainsi une dissymétrie dans la distribution des charges au niveau de la molécule. Une molécule avec une telle différence de charge est appelée "molécule polaire". Une conséquence capitale de la polarité de la molécule d'eau est l'attraction qu'elle exerce sur les molécules d'eau avoisinantes.

Bien qu'électriquement neutre, la molécule d'eau possède un moment dipolaire très important de 1.8 Debye, permettant aux molécules d'eau de s'aligner dans un champ électrique. Qualitativement, la polarisation mutuelle des liaisons d'hydrogène se traduit par une constante diélectrique élevée, elle est de l'ordre de 80. On en déduit la nouvelle longueur d'onde λ_{eau} dans l'eau.

$$\lambda_{eau} = \frac{c}{f_0 \sqrt{\varepsilon_r}} = \frac{\lambda_0}{\sqrt{\varepsilon_r}} \tag{4.10}$$

où λ_0 est la longueur d'onde dans le vide 34.55 cm et ε_r la constante diélectrique de l'eau.

Afin d'étudier le comportement du transpondeur en présence de l'eau. Une antenne demi-onde est intercalée entre un matériau de type bitume et une couche d'eau d'une épaisseur h_i. Cette antenne a la même taille que l'antenne du transpondeur accordée au bitume. À l'aide d'un analyseur de réseau, le coefficient de réflexion S_{11} de l'antenne dipôle est mesuré pour différentes épaisseurs h_i variant entre 0 et 3 mm. La Figure 4.15 montre le résultat des mesures du coefficient de réflexion. On constate que la fréquence d'adaptation de l'antenne diminue lorsque la hauteur de la couche d'eau augmente. Ceci s'explique bien par la variation de la longueur d'onde avec la permittivité de l'eau. Dans le cas où le bitume est juste humide ($h_1 = 0$ mm), une bonne adaptation de l'antenne demi-onde est obtenue autour de la fréquence 868.3MHz. En revanche, en présence d'une couche $h_5 = 3$ mm, l'antenne demi-onde est adaptée à la fréquence de 320 MHz.

Pour que le système décrit dans ce travail fonctionne en présence d'eau, il est nécessaire de développer une antenne insensible à la présence de l'eau ou une antenne ayant une largeur de bande suffisante pour que l'influence de l'eau n'empêche pas la réception des ondes autour de la fréquence de résonance du résonateur SAW.

Estimation de la distance absolue

Le système d'aide à la conduite proposé permet d'estimer la variation de distance à n longueurs d'onde λ près avec n entier. La méthode de mesure décrite dans la section 3.1 ne permet pas de connaitre le nombre n. Une nouvelle approche permettant de déterminer la distance absolue sera décrite, elle consiste à utiliser un transpondeur qui fonctionne à deux

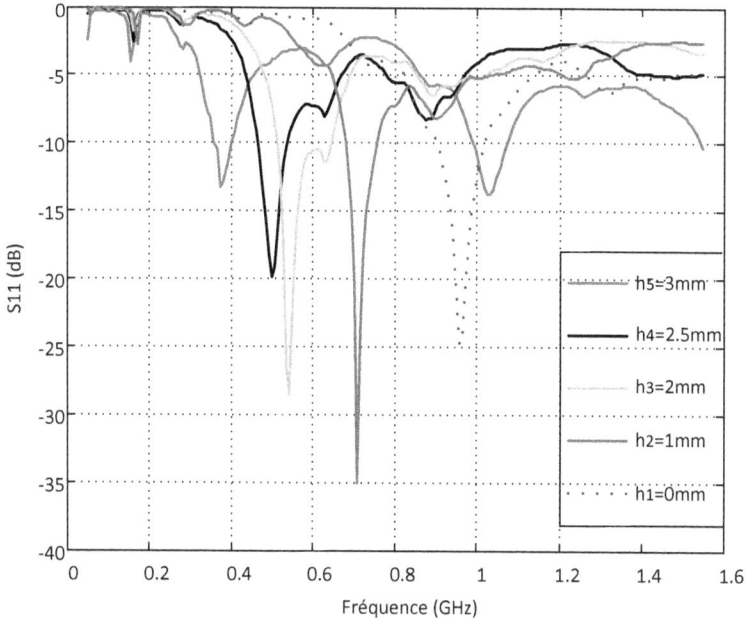

FIGURE 4.15: Évolution fréquentielle du coefficient de réflexion d'un dipôle demi-onde pour différentes épaisseurs d'eau h_i.

fréquences de résonance différentes f_{01} et f_{02}. À l'aide de l'équation (3.9), les deux phases ϕ_1 et ϕ_2 produites par le transpondeur aux fréquences f_{01} et f_{02} vérifient respectivement les deux expressions 4.11 de la distance d :

$$\begin{cases} d = \lambda_1 \dfrac{\phi_1}{2\pi} + n_1 \lambda_1 \\[2em] d = \lambda_2 \dfrac{\phi_2}{2\pi} + n_2 \lambda_2 \end{cases} \tag{4.11}$$

Avec n_1 est le plus grand nombre entier de longueurs d'onde λ_1 de l'onde émise à la fréquence f_1 tel que $n_1 \lambda_1 < d$ et n_2 représente le plus grand nombre entier de longueurs d'onde λ_2 de l'onde émise à la fréquence f_2 tel que $n_2 \lambda_2 < d$. Les deux longueurs λ_1 et λ_2 sont choisies de tel sorte que les deux nombres n_1 et n_2 sont égaux à une distance quelconque d comprise entre 0 et d_{max} (d_{max} représente la distance maximale à estimer). Dans ce cas, la distance peut être estimée par :

$$d = \frac{c(\phi_2 - \phi_1)}{2\pi(f_2 - f_1)} \quad \text{pour } \lambda_2 > \lambda_1 \tag{4.12}$$

Le choix des deux fréquences dépend de la portée absolue maximale du système d'aide à la conduite. Dans le cas où $n_1 = n_2 = n$, les 3 paramètres essentiels n, λ_1, λ_2 et d peuvent être déduits en tenant compte de la condition suivante :

$$n\lambda_2 < n\lambda_1 < d < (n+1)\lambda_2 < (n+1)\lambda_1; \; \forall d$$

$$\implies n\lambda_1 < (n+1)\lambda_2$$

Ce qui implique :

$$\frac{\Delta f}{f_1} < \frac{1}{n} \tag{4.13}$$

avec Δf est l'écart fréquentiel $f_2 - f_1$.

Dans la sous section 2.1.1, nous avons noté que la distance moyenne entre un véhicule et les bords de la route peut atteindre 4 m. Prenons le cas où le véhicule est à une distance $d = 3$ m de la bande latérale blanche, la distance aller-retour de l'onde émise par le système est de 6 m. À cette distance et sachant que la fréquence f_{01} du transpondeur reste constante 868.3 MHz, l'écart fréquentiel Δf doit respecter la condition suivante :

$$\Delta f < 50 \text{ MHz} \tag{4.14}$$

Cette condition nous mène à utiliser un second résonateur SAW qui fonctionne à la fréquence $f_{02} = 915$ MHz

Le transpondeur est composé de deux résonateurs à onde acoustique de surface résonant aux deux fréquences f_{01} et f_{02} et d'une antenne demi-onde adaptée aux deux fréquences de résonance. On utilise une antenne demi-onde d'une longueur de 15 cm suffisamment bien adaptée aux deux fréquences de résonance. Les antennes planaires réalisées ne sont cependant pas adaptées pour les deux fréquences. Pour cette raison, on utilisera des antennes d'émission et de réception large bande décrites dans l'annexe 4.3.

La méthode de mesure utilisée en chambre anéchoïque est la même que celle décrite dans la section 3.1. En revanche, on applique un balayage fréquentiel dans les bandes $B_{f1} =$

$[867.5 \rightarrow 869.5$ MHz$]$ et $B_{f2} = [914 \rightarrow 916$ MHz$]$ couvrant respectivement les deux fréquences de résonance f_{01} et f_{02}. Le transpondeur a été mesuré aux différentes distances $d_{i(1,2,...12)} = [0.46$ m $\rightarrow 1.15$ m$]$ séparant le dispositif d'interrogation du transpondeur.

D'après les résultats des mesures aux différentes distances, les réponses des deux résonateurs sont identifiées par des boucles de résonance autour des deux fréquences de résonance f_{01} et f_{02}. L'application de la méthode d'optimisation aux deux réponses montre que les courbes de mesures sont bien ajustées. À l'aide de la méthode d'optimisation 3.2, deux phases optimales ϕ_{opt1} et ϕ_{opt2} sont obtenues, elles correspondent aux deux phases ϕ_1 et ϕ_2. La Figure 4.16 illustre l'évolution des deux phases optimales à chaque distance d_i. La phase optimale ϕ_{opt2} correspondante à 915 MHz est plus grande que la phase optimale ϕ_{opt1} qui correspond à 868.3 MHz. Ceci est conforme à l'équation (3.8). Les sauts de phases présents sur les deux phases optimales correspondent aux déplacements du dispositif d'interrogation. La Figure 4.16 montre l'évolution des deux phases.

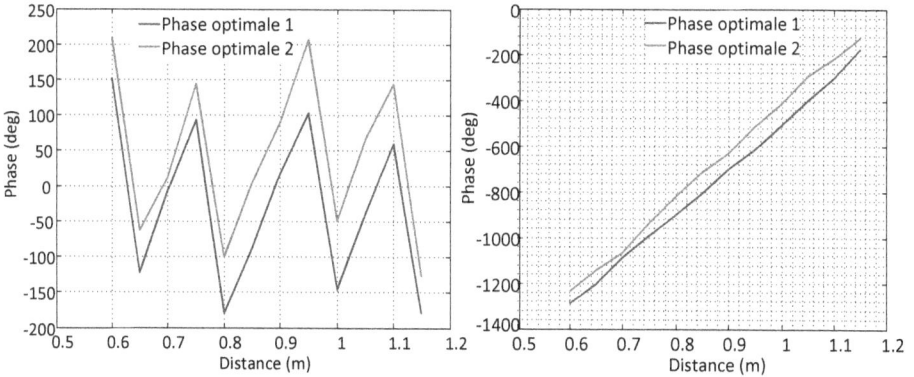

FIGURE 4.16: Évolution des deux phases optimales ϕ_{opt1} et ϕ_{opt2} en fonction de la distance d_i.

La Figure 4.17 montre une comparaison entre la distance réelle d_i et la distance absolue d_{abs} estimée à l'aide de la nouvelle approche. On constate que la distance absolue est estimée avec une erreur de distance variant entre 3 cm et 30 cm. Cette erreur importante dépend essentiellement de l'erreur obtenue sur les deux phases optimales ϕ_{opt1} et ϕ_{opt2}.

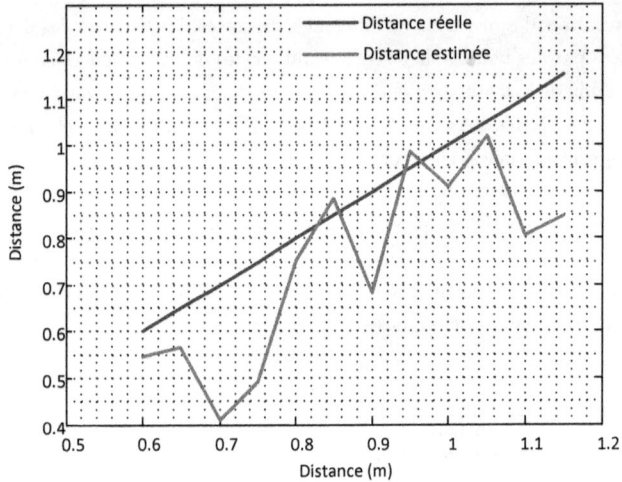

FIGURE 4.17: Comparaison entre la distance réelle et la distance absolue estimée.

On a constaté que l'estimation du bruit environnant a un impact important sur l'estimation de la phase optimale aux différentes distances d_i. En effet, nous avons constaté dans la section 3.2 que l'erreur de distance estimée vaut 2 cm. Dans ce cas, les deux phases ϕ_1 et ϕ_2 seront estimées respectivement avec une erreur de phase de $\delta\phi_1$ et $\delta\phi_2$ égale à 36°.

D'après l'équation (4.12), l'erreur sur la distance absolue dans le cas extrême ($|\delta\phi_1| = 2.|\delta\phi_2|$) s'écrit sous la forme suivante :

$$\delta d = \frac{c}{\pi (f_2 - f_1)} \delta\phi_1 \qquad (4.15)$$

Dans ce cas, $\delta d \simeq 1.3$ m. Ce résultat peut expliquer les erreurs importantes obtenues lors du 1er essai de l'estimation de la distance absolue.

Pour résoudre ce problème, deux améliorations peuvent être envisagées. La première repose sur l'optimisation des différents étages de la chaine de transmission. En effet, il sera nécessaire de contrôler les différentes sources des déphasages produits dans chaque étage du système. La deuxième amélioration porte sur l'optimisation des différents paramètres de la méthode d'optimisation, et particulièrement les paramètres permettant d'ajuster le bruit environnant.

Bibliographie

[1] Gérard Minoc. "Synthèse des travaux d'analyse des accidents mortels de l'année 2011". Technical report, Institut d'Étude des Accidents de la route, 2011.

[2] NHTSA. "Traffic safety facts 2010 a compilation of motor vehicle crash data from the fatality analysis reporting system and the general estimates system". Technical report, National Center for Statistics and Analysis, U.S. Department of Transportation, 2010.

[3] A. W. Green J. T. Boys. "Intelligent road-studs - lighting the paths of the future". *IPENZ Transactions*, 24, 1997.

[4] Z. Zalila, F. Bonnay, and F. Coffin. "Lateral guidance of an autonomous vehicle by a fuzzy logic controller". In *IEEE International Conference on Systems, Man, and Cybernetics*, volume 2, pages 1996–2001 vol.2, 1998.

[5] M. Uchanski D. Gualino, M. Parent. "Autonomous lateral control of a vehicle using a linear ccd camera". *IEEE International Conference on Intelligent Vehicles*, 1 :67–73, 1998.

[6] Berthold K.P. Horn and Brian G. Rhunck. "Determining optical flow". *Artificial Intelligence*, 1980.

[7] F. Chausse R. Aufrère, R. Chapuis. "Real time vision based road lane detection and tracking". *IAPR Workshop on Machine Vision Applications*, 2000.

[8] Marietta M Turk M. A. Marra, M. "Color road segmentation and video obstacle detection". *SPIE*, 727 :136–142, 1986.

[9] M. Turk, D.G. Morgenthaler, K.D. Gremban, and M. Marra. "Video road-following for the autonomous land vehicle". In *IEEE, International Conference on Robotics and Automation.*, volume 4, pages 273–280, 1987.

[10] D. Pomerleau M. Chen, T. Jochem. "AURORA : A vision-based roadway departure warning system". Technical report, The Robotics Institute Carnegie Mellon University, 1997.

[11] K. T. Gribbon and D.G. Bailey. "A novel approach to real-time bilinear interpolation". In *IEEE International Conference on Field-Programmable Technology, Proceedings*, pages 126–131, 2004.

[12] S. Sasaki M. Yoshida M. Ohzora, T. Ozaki and Y. Hiratsukat. "Video-rate image processing system for an autonomous personal vehicle system". *IAPR Workshop on Machine Vision Applications*, 1990.

[13] M. Ohzora; K. Kurahashi T. Ozaki. "An image processing system for autonomous vehicle". In *SPIE Proceedings*, 1990.

[14] B. Hofflinger, G. Conte, D. Esteve, and P. Weisglas. "Integrated electronics for automotive applications in the EUREKA program PROMETHEUS". *IEEEXplore*, 2 :13 –17, September 1990.

[15] Daimler AG Matthias Schulze. "Preventive and active safety applications integrated project". Technical report, 2008.

[16] C. J. Hegarty E. D. Kaplan. *"Understanding GPS Principles and Applications"*. Artech House, 2005.

[17] S. Bancroft. "An algebraic solution of the GPS equations". *IEEE Transactions on Aerospace and Electronic Systems*, AES-21(1) :56–59, 1985.

[18] T. Scott M. Martig, B. Dauwalter. "GPS : Global positioning system". Technical report, Computer Science Management Information Systems, 2005.

[19] P. Galyean R. Hatch, T. Sharpe. "Starfire : A global high accuracy differential gps system". Technical report, NavCom Technology Inc.

[20] Iyad ABUHADROUS. *"Système embarqué temps réel de localisation et de modélisation 3D par fusion multi-capteur"*. PhD thesis, Ecole des Mines de Paris, 2005.

[21] Lei Wang, T. Emura, and T. Ushiwata. "Automatic guidance of a vehicle based on dgps and a 3d map". In *IEEE, Intelligent Transportation Systems, 2000. Proceedings*, pages 131–136, 2000.

[22] Lei Wang, J. Shu, T. Emura, and M. Kumagai. "A 3d scanning laser rangefinder and its application to an autonomous guided vehicle". In *Vehicular Technology Conference Proceedings*, volume 1, pages 331–335 vol.1, 2000.

[23] Wei-Bin Zhang, Robert E. Parsons, and Thomas West. "An intelligent roadway reference system for vehicle lateral Guidance/Control". In *American Control Conference*, pages 281–286, 1990.

[24] Pedro Santos, Stéphane Holé, Céline Filloy, and Daniéle Fournier. "Magnetic vehicle guidance". *Sensor Review*, 28(2) :132–135, March 2008.

[25] M. Boutayeb and D. Aubry. "A strong tracking extended kalman observer for nonlinear discrete-time systems". *IEEE Transactions on Automatic Control*, 44(8) :1550–1556, 1999.

[26] H. F. Engelmann D. D. Grieg. "Microstrip-a new transmission technique for the klilomegacycle range". *Proceedings of The Institue of Radio Engineers*, 40 :1644–1650, 1952.

[27] Deschamps.G.A. "Microstrip microwave antennas". *Symposium on Antennas*, 1953.

[28] J. Howell. "Microstrip antennas". *IEEE Transactions on Antennas and Propagation*, 23(1) :90 – 93, January 1975.

[29] R. Munson. "Conformal microstrip antennas and microstrip phased arrays". *IEEE Transactions on Antennas and Propagation*, 22(1) :74 – 78, January 1974.

[30] A. Derneryd and A. Lind. "Extended analysis of rectangular microstrip resonator antennas". *IEEE Transactions on Antennas and Propagation*, 27(6) :846–849, November 1979.

[31] I.J. Bahl and P. Bhartia. *"Microstrip Antennas"*, chapter 1, page 41. Depatment of Electrical Engineering, University of Ottawa, 1980.

[32] Y.T. Lo, D. Solomon, and W. Richards. "Theory and experiment on microstrip antennas". *IEEE AP-S Symposium (Japan)*, (2) :53–55, March 1978.

[33] Y.T. Lo, D. Solomon, and W. Richards. "Theory and experiment on microstrip antennas". *IEEE Transactions on Antennas and Propagation*, 27(2) :137–145, March 1978.

[34] I.J. Bahl and P. Bhartia. *"Microstrip Antennas"*, chapter 1, page 48. Depatment of Electrical Engineering, University of Ottawa, 1980d.

[35] Erik O Hammerstad. "Equations for microstrip circuit design". In *Microwave Conference*, pages 268 –272, September 1975.

[36] M. V. Schneider. "Microstrip lines for microwave integrated circuits". Technical report, Physical Science Laboratory, New Mexico University, Las Cruces, 1968.

[37] A. Ali-Khan, W.F. Richards, and S.A. Long. "Impedance control of microstrip antennas using reactive loading". *IEEE Transactions on Antennas and Propagation*, 37(2) :247–251, February 1989.

[38] Giuliano F. B. Oliveira José E. C. Neto and Humberto C. C. Femandes. 'Analysis of planar antenna array'. In *Microwave and Optoelectronics Conference*, volume 1, pages 323–325 vol.1, September 2003.

[39] Eugene F. Knott, John F. Shaeffer, and Michael T. Tuley. *"Radar Cross Sections"*. SciTech Publishing, 2004.

[40] J.F. Le Guen J.M. Friedt P. Ménage G. Collin R. Staraj D. Hermelin S. Ballandras C. Luxey P. Le Thuc S. Tourette, L. Chommeloux. 'Capteur saw implantable dédié à la télémesure de la température et de la pression artérielle : le projet ANR-TECSAN CIMPA'. *IRBM*, 31, n°.2 :101–106, 2010.

[41] R. Weigel G. Schimetta, F. Dollinger. 'Tire pressure measurement using a saw hybrid sensor'. *Institute for Communications and Information Engineering*.

[42] S. Tourette, G. Collin, P. Le-Thuc, C. Luxey, and R. Staraj. 'Small meandered PIFA associated with SAW passive sensor for monitoring inner temperature of a car exhaust header'. In *IEEE, International Workshop on Antenna Technology*, pages 1–4, 2009.

[43] O. Ikata, T. Miyashita, T. Matsuda, T. Nishihara, and Y. Satoh. 'Development of low-loss band-pass filters using SAW resonators for portable telephones'. In *IEEE , Ultrasonics Symposium, Proceedings*, pages 111–115 vol.1, 1992.

[44] W. R. Shreve. 'Surface-wave two-port resonator equivalent circuit'. Technical report, Texas Instruments Incorporated Dallas, Texas, 1975.

[45] C. K. Campbell. *"Surface Acoustic Wave Devices for Mobile and Wireless Communications"*, chapter 3, page 74. Applied Research Laboratory, 1998.

[46] Antonio Arnau Vives. *"Piezoelectric Transducers and Applications"*. Springer, 2008.

[47] K.M. Lakin. 'Modeling of thin film resonators and filters'. *IEEE MIT-S Digest*, pages 149–152, 1992.

[48] C. K. Campbell. *"Surface Acoustic Wave Devices for Mobile and Wireless Communications"*, chapter 5, page 147. Applied Research Laboratory, 1998.

[49] J. S. Chen, S. Chen, H. Kao2006, 'Surface acoustic wave device and its fabrication method', US 20060076850 A1.

[50] C. K. Campbell. *"Surface Acoustic Wave Devices for Mobile and Wireless Communications"*, chapter 11, page 294. Applied Research Laboratory, 1998.

[51] C. K. Campbell. *"Surface Acoustic Wave Devices for Mobile and Wireless Communications"*, chapter 11, page 301. Applied Research Laboratory, 1998.

[52] P. V. Wright. "Analysis and design of low-loss saw devices with internal reflections using coupling-of-modes theory". *IEEE, Ultrasonics Symposium*, page 142, 1989.

[53] Roger L. Wayson. "Relationship between pavement surface texture and highway traffic noise". Technical report, National Cooperative Highway Research Program, 1998.

[54] J. A. Nelder and R. Mead. "A simplex method for function minimisation". *Computer Journal*, 4 :308–313, 1964.

[55] Ake BJORCK. *"Numerical Methods for Least Squares Problems"*. Society for Industrial ana Applied Mathematics, December 1996.

[56] Carolin Loibl and Erwin Biebl. "Localization of passive UHF RFID tagged goods with the monopulse principle for a logistic application". In *European Conference on Smart Objects, Systems and Technologies, Proceedings*, pages 1–5, 2012.

[57] P. V. Rysselberghe. "Remarks concerning the clausius-mossotti law". *The Journal of Physical Chemistry*, 36(4) :1152–1155, 1932.

[58] F.T. Ulaby, T.H. Bengal, M.C. Dobson, J.R. East, J.B. Garvin, and D.L. Evans. "microwave dielectric properties of dry rocks". *IEEE Transactions on Geoscience and Remote Sensing*, 28(3) :325–336, 1990.

[59] G. F. Ross A. M. Nicolson. "Measurement of the intrinsic properties of materials by time-domain techniques". *IEEE Transactions on Instrumentation and Measurement*, IM-19 :377–382, 1970.

[60] Mourad Adous. *"Caractérisation électromagnétique des matériaux traités de génie civil dans la bande de fréquences 50 MHz-13 GHz"*. PhD thesis, Université de Nantes, page 144, 2006.

[61] J. p Daniel. "Mutual coupling between antennas for emission or reception- application to passive and active dipoles". *IEEE Transactions on Antennas and Propagation*, 22(2) :347–349, 1974.

Table des figures

Liste des tableaux

Annexes

Antenne ultra large bande

Étude du monopole rectangulaire ULB

L'antenne monopole est alimentée par un câble coaxial dont l'âme centrale est connectée à l'élément rayonnant, cette ligne d'alimentation provient de l'arrière d'un plan de masse carré placé sur le plan horizontal (Figure 4.18).

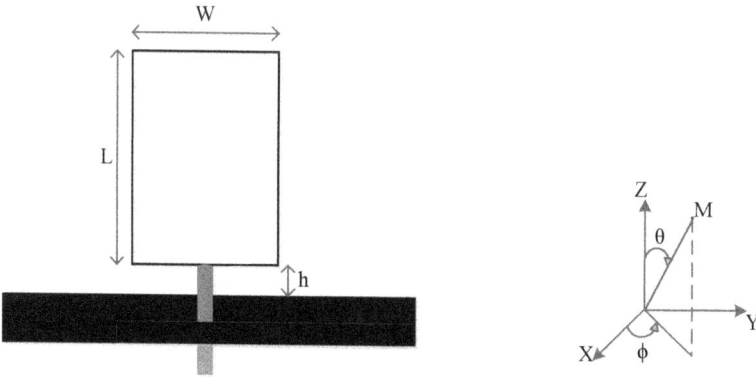

FIGURE 4.18: Antenne monopole

W et L sont respectivement la largeur et la hauteur du monopole.

Étude paramétrique

L'utilisation de l'option "Optimetrics" sous le logiciel logiciel HFSS nous permet de réaliser l'étude paramétrique globale 4.19. Par la suite, nous explicitons l'influence de chaque paramètre sur le coefficient de réflexion Γ.

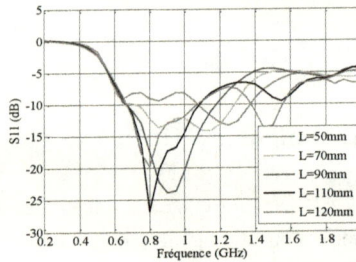

(a) Le coefficient de réflexion en fonction de L

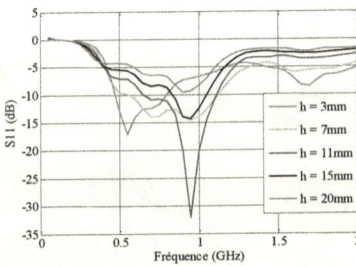

(b) Le coefficient de réflexion en fonction de h

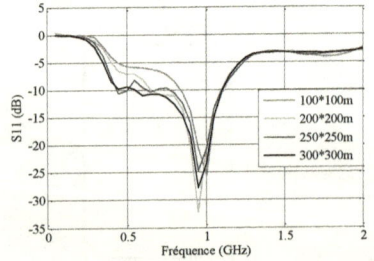

(c) Le coefficient de réflexion en fonction de la taille du plan de masse

FIGURE 4.19: Étude paramétrique du coefficient de réflexion

Ces résultats de simulations, montrent que chaque paramètre de l'antenne a une influence sur ses caractéristiques (Figures 4.19a, 4.19b, 4.19c). En effet, nous constatons que la hauteur

L du monopole ainsi que la taille du plan de masse agissent principalement sur la fréquence basse d'adaptation f_{min}, et que l'espacement h joue sur l'adaptation de l'antenne. La largeur W de l'élément rayonnant agit sur la fréquence haute d'adaptation (largeur de bande). D'après cette analyse paramétrique, nous déterminons les paramètres optimums pour un bon fonctionnement de cette antenne dans la bande [800 → 1000 MHz]. Nous parvenons à définir les dimensions de l'élément rayonnant, soit $L = 9$ cm et $W = 7$ cm. L'espacement entre cet élément et le plan de masse est fixé à $h = 11$ mm et la taille du plan de masse à 30 cm × 30 cm.

Avec ces dimensions, l'antenne monopole est réalisée et caractérisée avec un analyseur de réseau. La Figure 4.20 illustre la comparaison entre les résultats de simulation et de mesure.

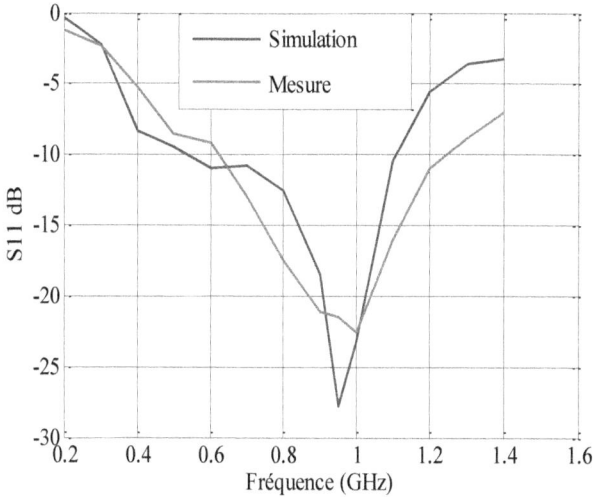

FIGURE 4.20: Le coefficient de réflexion ($L = 9$cm ; W=7cm ; $h = 11$mm)

Nous constatons que les miniums des coefficients de réflexion simulé et mesuré ne sont pas identiques. Un décalage fréquentiel de 50MHz apparait entre la simulation et la mesure. En mesure, nous obtenons une bonne adaptation autour de la fréquence centrale $F_c = 1$ GHz, ce qui se traduit par un coefficient de réflexion faible ($\Gamma = -22.6$ dB). La bande passante à -10 dB obtenue à partir du coefficient de réflexion mesuré est de 630 MHz (Tableau 4.1).

	F_c (MHz)	Γ (dB) à F_c	BP (MHz) à -10 dB	Largeur de bande (MHz)
Γ simulé	950	-27.77	[0.55 − 1.1]	550
Γ mesuré	1000	-22.6	[0.61 − 1.24]	630

TABLE 4.1: Simulation et mesure du coefficient de réflexion Γ

Rayonnement de l'antenne

Pour bien spécifier le rayonnement de cette antenne, nous présentons l'étude du rayonnement sur les 2 plans (x, z), et (y, z) qui correspondent respectivement aux plans $(\theta, \phi = 0)$, $\left(\theta, \phi = \dfrac{\pi}{2}\right)$. En effet, nous comparons les résultats des simulations et des mesures des diagrammes de rayonnement aux fréquences 0.6 GHz, 0.7 GHz, 0.8 GHz, 0.9 GHz et à 1 GHz, sur le plan élévation E ($\phi = 0°$) (Figure 4.21a) et sur le plan $\left(\phi = \dfrac{\pi}{2}\right)$ (Figure 4.21b).

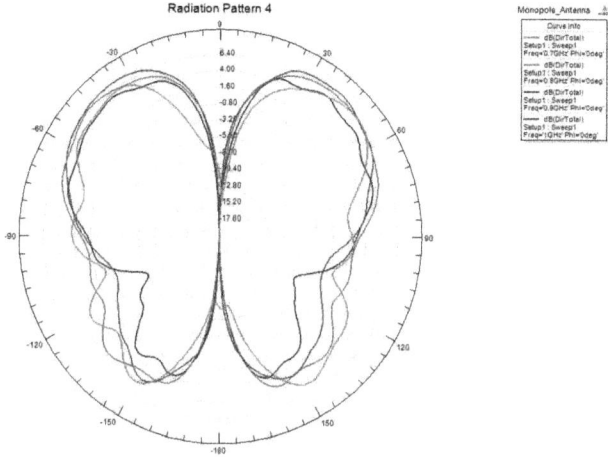

(a) Plan E($\phi = 0°$)

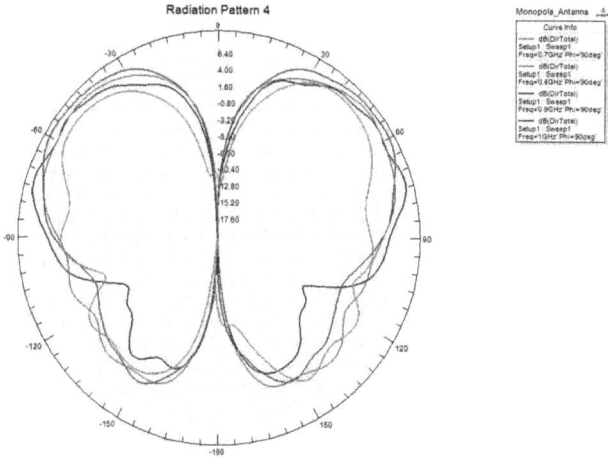

(b) Plan $\left(\phi = \dfrac{\pi}{2}\right)$

FIGURE 4.21: Diagrammes de rayonnement de l'antenne planaire

Nous constatons que le rayonnement de cette antenne sur les deux plans $(\phi = 0°)$ et $\left(\phi = \dfrac{\pi}{2}\right)$ est proche du rayonnement d'un monopole de diamètre petit (Figures 4.21a et 4.21b).

Maintenant, il est nécessaire de comparer les résultats de simulations avec les résultats de mesures. Pour cela, cette antenne monopole est caractérisée dans la chambre anéchoïque à la fréquence centrale de 1 GHz. La Figure 4.22 montre la comparaison des résultats de simulation et de mesure sur les deux plans E et H.

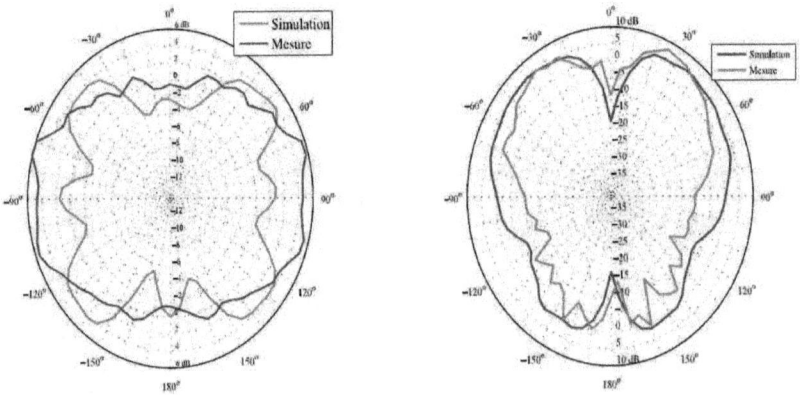

FIGURE 4.22: Comparaison du diagramme de rayonnement sur les deux plan E et H.

La mesure et la simulation du diagramme de rayonnement sur le plan E montrent que le lobe principal se situe à la même direction. Nous notons aussi que sur le plan E des ondulations sont apparues, particulièrement derrière le plan de masse.

À partir du diagramme de rayonnement (Figure4.21a), nous constatons que l'ouverture angulaire varie en fonction de la fréquence, nous obtenons $40° < \theta_E < 60°$, tel que θ_E est l'ouverture à -3 dB sur le plan E. Cette variation de l'ouverture angulaire à -3 dB est due principalement à la variation de la distribution des courants surfaciques en fonction de la fréquence. La mesure montre que l'ouverture angulaire à -3 dB est proche des valeurs obtenues par les simulations. Nous constatons que le gain maximal est important. Nous obtenons un gain qui varie entre 5 dBi et 7 dBi dans la bande de fréquence $[0.6 - 1.1 \text{ GHz}]$.

Résultats de l'application de la méthode d'optimisation en présence du bitume

En présence du bitume, le système d'aide à la conduite a été caractérisé dans une chambre anéchoïque tout en utilisant le transpondeur accordé au bitume. Après avoir appliqué la méthode de mesure, on constate que le transpondeur est identifié à chaque distance d_i variant de 0.9 m à 1.51 m. De plus, les courbes théoriques sont ajustées correctement à l'aide de la méthode d'optimisation (Figure 4.23).

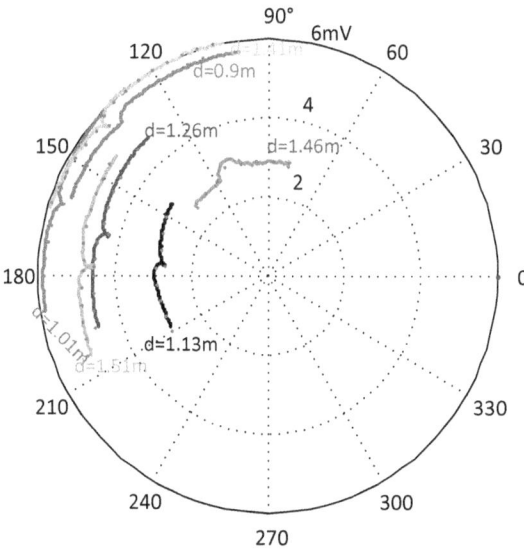

FIGURE 4.23: Résultats de l'application de la méthode d'optimisation aux différentes distances d_i.

À l'aide de la phase optimale extraite, la distance d_i peut être estimée en utilisant le calcul montré précédemment. La Figure 4.24 montre une comparaison entre la distance réelle et la distance estimée. On constate que l'erreur de distance reste constante, elle est de l'ordre de ±2 cm.

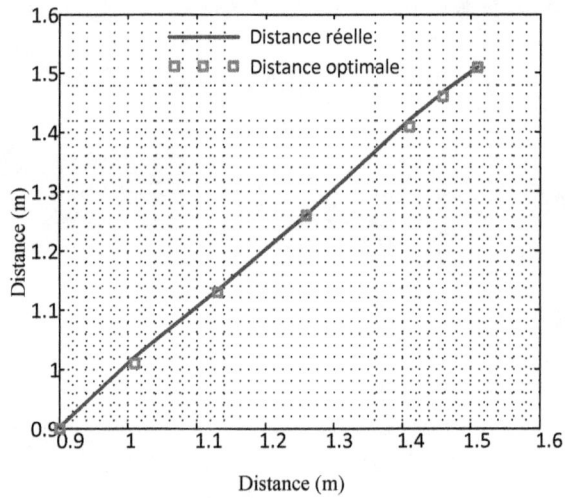

FIGURE 4.24: Comparaison de la distance réelle et optimale en présence du bitume.

Publications

1. Dépôt d'un brevet «Système d'aide à la conduite» n° : F 13 00136.

2. N. Houdali, T. Ditchi, E. Geron, J. Lucas, and S. Holé «Road-vehicle Cooperation for Lateral Guidance», Progress In Electromagnetics Research Symposium, PIERS, 25-28 Mars, Tapei, TAIWAN.

3. N. Houdali, T. Ditchi, E. Geron, J. Lucas, et S. Holé «Système coopératif Véhicule-Infrastructure pour l'assistance à la conduite», Journées Nationales Microondes, JNM, 15-17 Mai, Paris, FRANCE.

4. N. Houdali, T. Ditchi, E. Géron, J. Lucas, S. Holé "Système coopératif pour l'aide à la conduite", AREMIF, 27 mai 2013, Paris, FRANCE.

www.ingramcontent.com/pod-product-compliance
Lightning Source LLC
Chambersburg PA
CBHW021101210326
41598CB00016B/1286